Sahira Nsayef Muslim
Sawsan Sajid AL-Jubori
Alaa N. Mohamed Ali Al-Khfajy

Lectina como reforço da atividade dos antibióticos

Sahira Nsayef Muslim
Sawsan Sajid AL-Jubori
Alaa N. Mohamed Ali Al-Khfajy

Lectina como reforço da atividade dos antibióticos

ScienciaScripts

Cover image: www.ingimage.com

This book is a translation from the original published under ISBN 978-3-659-88745-1.

Publisher:
Sciencia Scripts
is a trademark of
Dodo Books Indian Ocean Ltd. and OmniScriptum S.R.L publishing group

120 High Road, East Finchley, London, N2 9ED, United Kingdom
Str. Armeneasca 28/1, office 1, Chisinau MD-2012, Republic of Moldova, Europe
Managing Directors: Ieva Konstantinova, Victoria Ursu
info@omniscriptum.com

Printed at: see last page
ISBN: 978-620-8-54112-5

Lista de conteúdos

Resumo 2

Capítulo 1 3

Capítulo 2 6

Capítulo 3 9

Capítulo 4 17

Capítulo 5 24

Referências 34

Resumo

A lectina tem uma vasta gama de aplicações em muitos domínios, como antitumoral, anti-insectos, antiviral e antifúngico. Neste caso, relatámos a produção de lectinas a partir de *Acinetobacter*, uma vez que não foi encontrado qualquer relatório sobre a produção de lectinas a partir de *Acinetobacter*. No presente estudo, uma nova estirpe, *Acinetobacter baumannii* S3, isolada de amostras de expetoração, apresentou o nível mais elevado de produção de lectina pelos métodos microscópicos de lâmina de vidro e de placa de microtítulo e a atividade de hemaglutinação não foi específica do tipo sanguíneo. A lectina foi purificada até à homogeneidade com um rendimento de recuperação de 72,72% e 40,76 vezes de purificação utilizando sulfato de amónio a 35% de saturação seguido de cromatografia de permuta iónica QAE-Sephadex e cromatografia de filtração em gel sephadex G-200. A atividade óptima da lectina purificada foi encontrada a 30°C e a pH 7. Os melhores cofactores para a atividade da lectina foram o Mn^{++} e o Mg^{++} com actividades relativas de 132 e 122%, respetivamente, e severamente inibidas na presença de Fe^{3+}, Cu^{2+}e detergentes. A lectina levou a um aumento da atividade antimicrobiana dos antibióticos e teve um efeito de sinergismo, pelo que a lectina pode ser um agente adjuvante útil para o tratamento de muitas infecções bacterianas em combinação com antibióticos.

Capítulo 1

Introdução

1- *Acinetobacter baumannii*

Acinetobacter baumannii são pequenos cocobacilos gram-negativos aeróbicos (Ahmad *et al.* ,2013). *O Acinetobacter baumannii* é ubíquo em ambientes clínicos e naturais, sendo a pele o primeiro local de colonização, seguido pela colonização de secreções da faringe, secreções respiratórias, urina, soluções de irrigação e intravenosas (Bergogne e Tower, 1996). É um importante agente patogénico oportunista que causa uma variedade de infecções nosocominais, especialmente pneumonia, trato urinário, corrente sanguínea, endocardite, meningite e infecções de feridas cirúrgicas (Henwood *et al., 2002).*

A Acinetobacter baumannii é bem sucedida na colonização e persistência no ambiente hospitalar, para além de sobreviver em superfícies artificiais devido à sua capacidade de resistir à dessecação e de formar o biofilme (Fournies e Richet,2013; El-Ahwany e Youssef,2007). A maioria das infecções é adquirida no hospital e uma baixa taxa de infecções é obtida fora do ambiente hospitalar (Fournies e Richet, 2013).

A colonização dos tecidos da superfície da mucosa humana é um passo crucial para uma infeção. A colonização bem sucedida precisa de se ligar às células epiteliais destes tecidos para resistir aos mecanismos de defesa do hospedeiro. A ligação das bactérias aos tecidos do hospedeiro necessita de factores de adesão e as bactérias não conseguem sobreviver se perderem estas adesões. Os factores de adesão, denominados lectinas, podem ligar-se aos glicoconjugados presentes na superfície de outras células, pelo que são considerados um importante fator de virulência (Patil *et al.*, 2001).

Embora tenham sido notificados casos de infecções adquiridas na comunidade causadas por *Acinetobacter* spp., o papel patogénico primário destas bactérias é, sem dúvida, o de causar infecções hospitalares, principalmente entre os doentes internados em unidades de cuidados intensivos (UCI) (Bergogne e Tower, 1996). *As Acinetobacter* spp. têm sido implicadas na pneumonia associada à ventilação mecânica, nas infecções da corrente sanguínea relacionadas com cateteres, nas infecções do trato urinário, na meningite relacionada com a corrente cerebrospinal e nas infecções de feridas (Bergogne e Tower,1996). Os factores de risco que predispõem os indivíduos a serem infectados com *Acinetobacter* spp. incluem

(i) doentes com traumatismos graves, nomeadamente queimaduras, e doentes após grandes cirurgias.

(ii) terapia antimicrobiana prévia

(iii) internamento prolongado no hospital e na UCI

(iv) utilização de ventiladores mecânicos, tubos de drenagem e cateteres de demora (Dijkshoorn *et al.*,2007).

É importante notar que a pele humana e os tractos respiratório e gastrointestinal representam locais importantes e comuns de colonização por *Acinetobacter* spp.(Hartzell *et al.,2007}*. Por conseguinte, é necessário um julgamento clínico cuidadoso para diferenciar entre casos de infeção e de colonização (Dijkshoorn *et al.*,1993).

Entre as diferentes espécies de *Acinetobacter, a A. baumannii* tem uma capacidade notável para causar surtos de infecções (Dijkshoorn *et al.,2007}*. A ocorrência de surtos de infecções *por A. baumannii* a nível intra-hospitalar, inter-hospitalar local e nacional foi registada em todo o mundo (Peleg *et al.*,2008). A tipagem comparativa de estirpes de surtos provenientes de hospitais europeus geograficamente dispersos demonstrou a ocorrência de três clones extremamente bem sucedidos de *A. baumanni* designados por "clones europeus I, II e III" (Dijkshoorn *et al.*,1996 e van Dessel *et al.*,2008).

1- 1- Infecções da corrente sanguínea

Num grande estudo sobre infecções da corrente sanguínea nosocomiais nos Estados Unidos (1995-2002), *o A. baumannii* foi o 10.º agente etiológico mais comum, sendo responsável por 1,3% de todas as infecções da corrente sanguínea nosocomiais monomicrobianas (0,6 infecções da corrente sanguínea por cada 10 000 admissões) (Wisplinghoff et al., 2004). *A. baumannii* foi uma causa mais comum de infeção da corrente sanguínea adquirida na UCI do que de infeção não adquirida na UCI. Cento e dois doentes tiveram infecções da corrente sanguínea em locais de tratamento de militares americanos feridos no Iraque ou no Afeganistão entre 1 de janeiro de 2002 e 31 de agosto de 2004 (CDC, 2004).

1- 2- Infecções respiratórias

As infecções respiratórias são as infecções humanas mais comuns adquiridas na comunidade (Bannister *et al.,* 2006). As bactérias que crescem extensivamente nas secreções mucosas que enchem o trato respiratório dos doentes com doença pulmonar obstrutiva são muito difíceis de erradicar com antibióticos. Estas bactérias, que actuam no trato respiratório dos doentes não só através das toxinas e enzimas libertadas, mas também através da indução da reatividade alérgica e para-alérgica. (Halasa e Halasa, 2004).

Gonlugur, (2004) referiu que a expetoração é um líquido espesso produzido nos pulmões e nas vias respiratórias que conduzem aos pulmões. A cultura de expetoração é um teste para detetar e identificar bactérias ou fungos que estão a infetar os pulmões ou as vias respiratórias. A expetoração está frequentemente contaminada com flora do trato respiratório superior e os resultados podem ser difíceis de interpretar (Kochhar *et al.*, 2004). Nissl *et al.*, (2005) referiram que a expetoração que passou pela boca contém normalmente vários tipos de bactérias inofensivas, incluindo alguns tipos de Streptococcus e Staphylococcus. A cultura não deve revelar quaisquer bactérias ou fungos nocivos. As bactérias nocivas mais comuns numa cultura de expetoração são as que podem causar bronquite ou *pneumonia (Streptococcus pneumoniae, Staphylococcus aureus, Haemophilus influenzae, Klebsiella pneumoniae* e *Mycobacterium tuberculosis*). A presença de bactérias no trato respiratório inferior também pode ser secundária a infecções virais que danificam o epitélio brônquico ciliado e aumentam a produção de muco como resultado da inflamação. O muco excessivamente segregado era um meio de alimentação para as bactérias aspiradas se multiplicarem. O muco excessivamente segregado pode tornar-se um "esconderijo" e um meio de alimentação para as bactérias aspiradas para a árvore brônquica (Overfordt *et al*, 2000).

A patogénese do *Acinetobacter baumannii* tem sido associada à sua capacidade de escapar à atividade bactericida do soro do hospedeiro. Em particular, um estudo constatou que a mortalidade dos doentes estava correlacionada com a resistência do soro de *A. baumannii* (Kim *et al.*,2009). A capacidade de resistir à atividade bactericida do soro foi associada à aquisição de uma proteína de superfície denominada fator H (Kim *et al.*,2009). O estudo reconheceu outras investigações que concluíram que o fator H não se ligava à superfície das bactérias (Kim *et al.*,2009). As informações contraditórias sobre se o fator H se liga ou não à superfície da bactéria podem ser o resultado das diferentes estirpes da bactéria utilizadas em cada estudo ou podem ser o resultado de outros factores desconhecidos, como as diferentes condições laboratoriais. Uma fosfolipase D e um mutante de transposão num gene para a proteína de ligação à penicilina 7/8 também foram associados a uma resistência reduzida ao soro (Antunes *et al.*,2011).

Capítulo 2

2- Lectina

A lectina, derivada da palavra latina legere, que significa selecionar ou escolher, por William Boyd em 1954, foi inicialmente designada hemaglutinina ou aglutinina devido à sua capacidade de aglutinar ou aglomerar eritrócitos humanos e animais (Mfsa *et a/.*, 2005). Embora tenham sido descobertas pela primeira vez há mais de 100 anos em plantas, sabe-se atualmente que estão presentes em toda a natureza. Pensa-se geralmente que a primeira descrição de uma lectina foi feita por Peter Hermann Stillmark na sua tese de doutoramento apresentada em 1888 à Universidade de Dorpat. Stillmark isolou a ricina, uma hemaglutinina extremamente tóxica, a partir de sementes de rícino *(Ricinus communis)*. A primeira lectina a ser purificada em grande escala e disponível numa base comercial foi a concanavalina A, que é atualmente a lectina mais utilizada para a caraterização e purificação de moléculas que contêm açúcar e de estruturas celulares.

Aplicações da lectina

As lectinas são definidas como proteínas de ligação a hidratos de carbono divalentes ou multivalentes de origem não imune que podem aglutinar células ou precipitar polissacáridos e glicoconjugados. Podem também ser glicoproteínas, que têm pelo menos um domínio não catalítico que mostra uma ligação reversível a monossacáridos ou oligossacáridos específicos, que podem aglutinar eritrócitos humanos e/ou animais ligando-se às porções de hidratos de carbono na superfície dos eritrócitos e aglutinando os eritrócitos, sem alterar as propriedades dos hidratos de carbono (Goldstein *et al.*,1980). As lectinas responsáveis pela adesão e colonização celular foram amplamente demonstradas entre os organismos vivos. O reconhecimento de glicoconjugados é um acontecimento importante nos sistemas biológicos e é frequentemente mediado por interações entre hidratos de carbono e proteínas (Tronchin *et al., 2002)*. As lectinas de plantas e animais têm sido amplamente exploradas como instrumentos bioquímicos na investigação biotecnológica e biomédica. Até há pouco tempo, o papel da maioria das lectinas estava associado à sua ligação a glicanos estranhos em fenómenos relacionados com o reconhecimento e/ou a defesa (Kuku *et al.*, 2009).

A origem da lectina

As lectinas são originalmente designadas por fitohemaglutininas, uma vez que foram encontradas pela primeira vez em plantas e mais tarde designadas por aglutininas ou hemaglutininas devido à sua capacidade de aglutinar eritrócitos humanos e animais. As lectinas são omnipresentes na natureza e podem ser encontradas em quase todos os organismos vivos, como plantas, especialmente em sementes como cereais, feijão, etc., em tubérculos como batatas, folhas, cascas, bolbos, rizomas, raízes e tubérculos, dependendo da espécie vegetal, animais (vertebrados e invertebrados), algas, fungos, microrganismos e vírus (Loris, 2002). A maioria das lectinas desempenha um papel crucial em diferentes processos biológicos, nomeadamente nos mecanismos de defesa do hospedeiro, na inflamação e nas metástases. A lectina isolada de sementes de feijão moído reduziu a viabilidade de células de hepatoma e de leucemia e revelou uma atividade inibidora da transcriptase reversa do vírus da imunodeficiência humana-1 (Wong e Ng, 2003). Além disso, várias lectinas isoladas de fungos possuem actividades imunomoduladoras, mitogénicas e antitumorais (Chumkhunthod *et al.*, 2006). Alguns vírus utilizam lectinas para se ligarem às células do organismo hospedeiro durante a infeção. As lectinas podem ser desactivadas por mono e oligossacáridos específicos, que se ligam a elas e impedem a sua fixação às membranas celulares. Foram identificadas lectinas nas ovas de várias espécies de peixe. Curiosamente, verificou-se que estas lectinas das ovas de peixe possuem uma gama de bioactividades diferentes. Por exemplo, foi relatado que a lectina do ovário de cobia tinha atividade antibacteriana contra *Escherichia coli;* a lectina de ovos de barata exibia atividade mitogénica contra linfócitos humanos; a lectina de ovos de loach induzia a libertação de citocinas de células frescas da medula óssea murina e tinha capacidade de aglutinação de células tumorais e a lectina de ovos de carpa herbívora induzia a expressão de genes de citocinas tanto em esplenócitos murinos como em células de exsudados peritoneais (Bah *et al.*, 2011).

Extração da lectina

Há muitos problemas a ultrapassar durante a preparação de lectinas, tais como uma baixa taxa de extração, dificuldades de purificação e um elevado custo de extração, o que restringe a aplicação de lectinas. A extração de lectinas é geralmente conseguida através de diferentes métodos de difusão em solução aquosa e de precipitação com sulfato de amónio. Os problemas com estes métodos incluem operações complicadas, uma baixa taxa de extração, dificuldade de extração manual e amplificação, que existem universalmente na separação e purificação de biomoléculas. Para resolver estes problemas, técnicas alternativas têm recebido especial atenção, como a extração líquido-líquido com micelas invertidas (Hou *et al.*2010).

O isolamento das lectinas pode ser efectuado através de uma combinação de diferentes técnicas de purificação. Para precipitar as lectinas, podem ser utilizados ácidos (por exemplo, ácido acético), solventes orgânicos (por exemplo, acetona) ou sais (por exemplo, sulfato de amónio). Podem ser utilizados vários métodos cromatográficos, incluindo a cromatografia de afinidade, a cromatografia de permuta iónica, a cromatografia de interação hidrofóbica e a filtração em gel. Um aumento do número de etapas de purificação resulta geralmente numa recuperação mais baixa (Lam e Ng, 2011). A lectina tem muitas aplicações, tais como aglutinação celular, atividade antiproliferativa, antitumoral, imunomoduladora e antiviral, anti-insectos, uma vez que as lectinas têm sido sugeridas como um dos agentes promissores contra pragas de insectos e têm sido concebidas com sucesso numa variedade de culturas, incluindo trigo, arroz, tabaco e batatas, atividade antibacteriana e antifúngica (Lam e Ng, 2011). As suas propriedades de ligação aos açúcares são também utilizadas como ferramentas moleculares para estudar os glicoconjugados ou para a libertação e o direcionamento de fármacos. Surgiram como uma importante classe de proteínas com uma grande variedade de aplicações bioquímicas, incluindo a sua utilização na bioseparação e na imobilização reversível de . As vastas aplicações e a variedade de utilizações das lectinas revelam a necessidade de isolar lectinas a partir de novas fontes locais, uma vez que as lectinas são muito dispendiosas, pelo que existe uma necessidade contínua de investigar outras fontes para encontrar estirpes capazes de produzir lectinas novas e de alto rendimento.

Capítulo 3

3- Resistência *do Acinetobacter baumannii* aos antibióticos

Os Acinetobacter spp. são agentes patogénicos nosocomiais importantes, com a capacidade de se adaptarem a diferentes ambientes, incluindo o ambiente hospitalar. Não há dúvida de que este agente patogénico oportunista continua a causar problemas graves devido à extensão dos seus perfis de resistência aos antibióticos (Van Looveren e Goossens, 2004). *A A. baumannii* (também referida como *Acinetobacter calcoaceticus* e complexo *A. baumannii*) é uma bactéria notavelmente resistente e tolerante a amplas gamas de temperatura, pH e humidade, tendo-se tornado resistente a quase todos os antibióticos atualmente utilizados, incluindo os aminoglicosídeos, as quinolonas, os β-lactâmicos de largo espetro, para além da resistência aos carbapenemes, que também é detectada especialmente entre os isolados extremamente resistentes (Paton *et al.*,1993 e Lyytikainen *et al.*,1995). *O A. baumannii* apresenta diferentes estratégias de resistência, o que torna esta espécie superior às outras nos genes e existem diferenças importantes na suscetibilidade antimicrobiana entre elas, sendo *o A. baumannii* a espécie mais resistente (Seifert *et al.,1993* e Traub e Spohr, 1989). Nas últimas três décadas, os clínicos deparam-se cada vez mais com infecções causadas por isolados *de A. baumannii* resistentes a quase todos os antibióticos clinicamente aplicáveis (Perez *et al.*,2007). A capacidade de *A. baumannii* de persistir no ambiente hospitalar e de colonizar os doentes, para além do seu fenótipo multirresistente (MDR), torna muito difícil o controlo dos surtos causados por este organismo (Maragkis e Perl, 2008).*A. baumannii* multirresistente *(MDRAB)* é frequentemente definida como resistente a três ou mais grupos de antimicrobianos (por exemplo, aminoglicosídeos, ampicilina-sulbactam, antipseudomonalcarbapenem, cefalosporina antipseudomonal, fluoroquinolona (Peleg *et al.*,2008). Devido à sua capacidade de permanecer viável em superfícies hospitalares durante longos períodos de tempo, isto pode indicar que o hospital é o reservatório provável para infecções por *A. baumannii* MDR (Gootz e Marra, 2008). *A A. baumannii* desempenha um papel fundamental na causa da doença em doentes imunocomprometidos com *Pseudomonas aeruginosa* (outro agente patogénico oportunista perigoso). Inicialmente, pensava-se que ambos os organismos tinham uma virulência limitada e ambos demonstraram uma notável e forte resistência intrínseca e adquirida aos antibióticos (Gootz e Marra, 2008). Uma das descobertas mais interessantes no estudo do material genético da *A. baumannii* é a sua capacidade eficaz de obter e adquirir material genético de outros organismos, desenvolvendo assim rapidamente uma resistência extrema aos medicamentos (XDR) causada pela *A. baumannii* que não é suscetível a todos os medicamentos antimicrobianos testados, exceto a colistina (Paterson e Doi, 2007). Os XDR são cada vez mais comuns e foram mencionados em relatos de soldados norte-americanos feridos que regressavam do Iraque e do Afeganistão infectados com *A. baumannii* (Nova, 2008). Atualmente, a vigilância da resistência antimicrobiana, a deteção do tipo de mecanismos de resistência microbiana através de diferentes técnicas moleculares, a prevenção da propagação de estirpes multirresistentes, para além da concentração no desenvolvimento de novos fármacos, são todos necessários para controlar a propagação desta inconveniente bactéria multirresistente (Van Looveren e Goossens, 2004 e Peleg *et al.*, 2008).

3-1- Antibióticos de ceftazidima

A ceftazidima está relacionada com os antibióticos β-lactâmicos, que representam os antibióticos utilizados com maior sucesso e segurança de sempre. Este grupo contém um grande número de antibióticos que partilham o mesmo anel B-Lactâmico e está dividido em 5 subgrupos principais, que se re-dividiram de acordo com diferentes critérios (Brooks *et al.*,2010). Estes antibióticos são bacteriocidas e o seu modo de ação consiste em inibir a síntese da parede celular, interferindo com a reação de transpeptidação devido à ligação covalente à proteína de ligação à penicilina (local-alvo das PBPs), interrompendo a síntese de peptidoglicanos e provocando a morte da célula (Guilfoile e Edward 2007). Os betalactâmicos matam as células bacterianas apenas quando estas estão a crescer ativamente e a sintetizar a parede celular (Fong e Drlica, 2008). A parede celular envolve completamente a membrana citoplasmática, mantém a forma e a integridade da célula e impede a lise celular devido a uma pressão osmótica elevada. É composta por um polímero complexo reticulado de polissacáridos e polipéptidos, o peptidoglicano (mureína, mucopeptídeo) (Brooks *et al.*,2010 e Fong e Drlica,2008). O polissacárido contém açúcares aminados alternados, *N-acetilglucosamina* e ácido *N-acetilmurâmico*. Um péptido de cinco aminoácidos está ligado ao açúcar do ácido N-acetilmurâmico. Este péptido termina em D-alanil-D-alanina e a proteína de ligação à penicilina (PBP, uma enzima) remove a alanina terminal no processo de formação de ligações cruzadas com um péptido próximo. As ligações cruzadas conferem à parede celular a sua rigidez estrutural (Brooks *et al.*, 2010). Os antibióticos beta-lactâmicos ligam-se covalentemente ao local ativo das PBPs e inibem a reação de transpeptidação, interrompendo a síntese de peptidoglicano, e a célula morre(Brooks *et al.*,2010).

Ceftazidima versos *A. baumannii*

As Acinetobacter spp. apresentam mecanismos de resistência a todas as classes de antibióticos existentes, incluindo os β-lactâmicos, bem como uma capacidade prodigiosa de adquirir novos determinantes de resistência (Federico *et al., 2007).* Tal como acontece com outros beta-lactâmicos, estes antibióticos de terceira geração matam as bactérias interferindo com a síntese da sua parede celular, tal como acontece com outros antibióticos relacionados com este grupo (Fong e Drlica, 2008 e Brooks *et al.*, 2010). *A A. baumannii* confere diferentes mecanismos de resistência aos beta-lactâmicos, conforme representado por Federico *et al.*(2007).

1- Produzir as enzimas hidrolisantes beta-lactamases que atacam o anel P-lactâmico

2- Altera o sítio alvo representado pelas proteínas de ligação à penicilina (PBPs)

3- Diminuição da permeabilidade da membrana externa através de alterações na estrutura e no número de proteínas porinas no envelope celular

4- Bombas de efluxo activas que diminuem ainda mais a concentração de antibiótico no interior da célula.

Pode dizer-se que a primeira estratégia é a mais predominante entre as bactérias gram-negativas. Atualmente, são utilizados dois esquemas de classificação das β-lactamases. A classificação molecular baseia-se na sequência de aminoácidos e divide as β-lactamases em enzimas das classes A, C e D, que utilizam a serina para a hidrólise dos β-lactâmicos, e em metaloenzimas da classe B, que requerem iões de zinco divalentes para a hidrólise do substrato (Karen *et al.*,1997). A classificação funcional depende principalmente dos perfis do substrato e do inibidor (Karen *et al.,1997* e Karen e Jacoby,2010). As espécies de *Acinetobacter* possuem uma vasta gama de b-lactamases que hidrolisam e conferem resistência a penicilinas, cefalosporinas e carbapenemes. *baumannii* , foram detectados diferentes tipos de enzimas relacionadas com diferentes classes, incluindo a β-lactemase de classe A, como a TEM-1 β-lactamase , algumas beta-lactamases de espetro alargado (ESBLs) que hidrolisam a ceftazidima e a ceftaxima e a cefalosporinase cromossómica que é resistente à ceftazidima e à cefepima, mas não aos genes blaCTX-M (Karen e Jacoby, 2010). Relativamente às beta-lactamases de classe B, verifica-se um aumento do número de metalo-beta-lactamases (MBL) em *A. baumannii* através da expressão dos genes *VIM* e *IMP*, que hidrolisam uma vasta gama de agentes antimicrobianos, incluindo carbapenemes (Thomson e Bonomo, 2005). A deteção rápida do gene da metalo-beta-lactamase, *blaIMP,* em bastonetes gram-negativos isolados clinicamente já tinha sido identificada. Um total de 54 estirpes resistentes à ceftazidima de alto nível (CIMs,> 128 microgramas/ml) foram submetidas a análises PCR com os primers específicos de blaIMP, uma vez que os isolados clínicos *portadores de blaIMP* demonstraram sempre uma resistência de alto nível à ceftazidima e o resultado revelou que a maioria destes isolados albergava o gene *blaIMP* (Kazuyoshi *et al.*,1996).

As cefalosporinases AmpC são codificadas a nível cromossómico e conferem resistência a cefalosporinas de largo espetro, tal como outros organismos gram-negativos, *Acinetobacter* spp. têm uma betalactamase de classe C codificada a nível cromossómico pelos genes *ampC*. Assim, muitos isolados clínicos de *A. baumannii* são resistentes à ceftazidima (Thomson e Bonomo, 2005 e Federico *et al.*, 2007). Além disso, a classe C foi registada em alguns isolados e a investigação da epidemia de *A. baumannii* MDR na cidade de Nova Iorque demonstrou a presença de isolados resistentes aos carbapenemes com expressão reduzida de OMPs de 37, 44 e 47 kDa e expressão aumentada de cefalosporinases de classe C (Quale *et al.*,2003). Noutro estudo, o nível de expressão da P-lactamase AmpC foi mais forte em isolados resistentes à ceftazidima (Karen *et al., 2006).*

Prashanth *et al.* (2012) demonstraram que *a A. baumannii,* tal como *a Pseudomonas aeruginosa,* produz uma AmpCP-lactamase de ocorrência natural, juntamente com uma oxacilinase de ocorrência natural com propriedades de carbapenemase. As ESBLs são β-lactamases mediadas por plasmídeos de classe predominante A. As ESBLs são capazes de hidrolisar eficazmente a penicilina, a cefalosporina, o grupo oxiimino contendo cefalosporinas (cefotaxima, ceftazidima) e monobactâmicos (aztreonam) e uma vasta gama de ESBLs de classe A foi registada em *Acinetobactersp.* tais como *TEM, SHV, CTX-M* e VEB (Prashanth *et al.*,2012).

As alterações nos canais de Pornis e noutras proteínas da membrana externa (OMPs e PBPs) são importantes para o transporte de agentes antimicrobianos e também foram registadas em *A. baumannii.* Parece que muitos isolados apresentavam mais do que um mecanismo de resistência aos B-lactâmicos (Federico *et al., 2007),* para além das porinas da membrana externa, as bombas de efluxo são um mecanismo único que causa resistência a várias classes diferentes de antibióticos. Foram identificadas famílias distintas de bombas de efluxo, amplamente encontradas em várias espécies de bactérias: a superfamília de facilitadores principais, a superfamília de resistência a pequenos fármacos, a superfamília de extrusão de compostos tóxicos e fármacos múltiplos e a família de divisão celular de resistência-nodulação (Poole, 2005). *A. baumannii*, a bomba de efluxo Ade ABC, membro da família de resistência-nodulação-divisão celular, foi bem caracterizada. Bombeia aminoglicosídeos, cefotaxima, tetraciclinas, eritromicina, cloranfenicol, trimetoprim e fluoroquinolonas (Magnet *et al.*, 2001).

É provável que as b-lactamases e as alterações da membrana externa trabalhem em conjunto para conferir resistência aos agentes b-lactâmicos. As espécies de *Acinetobacter* possuem bombas de efluxo que são capazes de remover ativamente uma vasta gama de agentes antimicrobianos da célula bacteriana (Bonomo e Szabo, 2006). Normalmente, as modificações nas PBPs ocorrem através de mutações cromossómicas. Entre vinte isolados de sangue de *Acinetobacter baumannii*, cinco *isolados* com perfil OMP tipo B, caracterizado pela ausência de uma OMP de 22,5 kDa e eram resistentes a meropenem e/ou imipenem. Foram observados doze padrões de proteínas de ligação à penicilina

(PBP). Os padrões de PBP de *A. baumannii* tipo II foram caracterizados pela ausência de uma banda de 73,2 kDa (PBP 2). A produção de β-lactamases de pI 6,3 e 7,0 e a expressão reduzida de PBP 2 são os mecanismos mais frequentemente observados de resistência aos carbapenemes (Felipe *et al,2003).*

Outros beta-lactâmicos para o tratamento de *A.baumannii*

O aumento das infecções por *A. baumannii* tem sido paralelo ao desenvolvimento alarmante de resistência que tem demonstrado (Gootz e Andrea, 2008). *O Acinetobacter baumannii* multirresistente é reconhecido como um dos bacilos gram-negativos resistentes aos antimicrobianos mais difíceis de controlar e tratar. Apesar de os novos antibióticos beta-lactâmicos, a imipemida (N-formimidoil tienamicina), a ceftazidima, a ceftizoxima, a ceftriaxona e a piperacilina terem demonstrado boas actividades, ainda surgiram estirpes resistentes (Garcia *et al.*, 1983). O imipenem representa o fármaco mais ativo contra *Acinetobacter,* mesmo contra estirpes que possuem B-lactamases Não se verificou qualquer alteração na atividade in vitro do imipenem contra *Acinetobacter,* durante o período 1980-1985 e foi mais ativo do que a ceftazidima e a cefotaxima e os seus valores de MICS foram inferiores aos das duas cefalosporinas de terceira geração mencionadas (Bergogne-Berezin e Joly-Guillou,1986), que as percentagens de *A. baumannii* que permanecem susceptíveis à piperacilina-tazobactam, à ceftazidima, à cefepima, ao imipenem, ao meropenem e à ciprofloxacina diminuíram entre 1999 e 2006. No caso do imipenem, a percentagem de isolados susceptíveis determinada em 1999, 2001 e 2006 diminuiu de 67 para 63 e 37%, respetivamente. Em 2006, apenas 9% dos *A. baumannii* testados eram susceptíveis à ciprofloxacina (Gootz e Andrea, 2008).

Novas estratégias para o tratamento de *A.baumannii*

Antes da década de 1970, a maioria dos *A. baumannii* era totalmente suscetível aos antibióticos. Com o aumento da utilização de antibióticos de largo espetro e as melhorias tecnológicas em procedimentos invasivos mais complicados, as condições eram adequadas para que este agente patogénico ubíquo adquirisse múltiplos mecanismos de resistência e infectasse uma população de doentes vulnerável (Gootz e Andrea, 2008). Conclui com um resumo das estratégias actuais no tratamento de *A. baumannii* MDR e oferece perspectivas sobre o controlo desta ameaça global para a saúde pública (Federico *et al.,2007).*

O organismo causa surtos de infeção e infecções associadas aos cuidados de saúde, incluindo bacteriemia, pneumonia, meningite, infeção do trato urinário e infeção de feridas. A resistência antimicrobiana limita grandemente as opções terapêuticas para os doentes infectados com este organismo, especialmente se os isolados forem resistentes aos agentes antimicrobianos da classe dos carbapenemes. Uma vez que as opções terapêuticas são limitadas para a infeção por *Acinetobacter* multirresistente, é essencial o desenvolvimento ou a descoberta de novas terapêuticas, ensaios clínicos bem controlados dos regimes e combinações antimicrobianos existentes e uma maior ênfase na prevenção da transmissão da infeção por *Acinetobacter* multirresistente associada aos cuidados de saúde (Eliopoulos *et al.,2008).*

A eficácia da ampicilina-sulbactam (A/S) no seu tratamento A/S parece ser um dos últimos recursos empíricos eficazes e seguros para o tratamento da infeção da corrente sanguínea (BSI) por *A. baumannii* MDR Entre os doentes gravemente doentes, a terapêutica A/S diminuiu significativamente o risco de morte por infeção da corrente sanguínea (BSI) por A. *baumannii* MDR-A. nosocomial e o risco de morte por BSI. De 94 BSI nosocomiais *por A. baumannii* durante o ano 2000 (Smolyakov *et al.*,2003). A cefoperazona\sulbactam, também com elevada atividade contra *A. baumannii*, e as fluoroquinolonas (ciprofloxacina, levofloxacina) representam outra opção para o tratamento deste microrganismo (Smolyakov *et al.*, 2003). A terapêutica combinada, geralmente com um antibiótico β-lactâmico e um aminoglicosídeo, é preferível para doentes com bacteriemia e neutropenia. Contra infecções *com* isolados *de Pseudomonas aeruginosa* ou *Acinetobacter baumannii* que são resistentes a todos os antibióticos exceto as polimixinas, várias combinações de novos antibióticos demonstram uma maior atividade in vitro em comparação com a de qualquer agente isolado (Smolyakov *et al.*,2003).

3-2- Samaciclina (Tetraciclina)

Antibióticos de largo espetro activos contra G^{+} e G^{-}. O termo "tetraciclina" está relacionado com o sistema de quatro anéis deste composto; estes componentes são medicamentos bacteriostáticos, mas em doses elevadas são também bactericidas. Ligam-se reversivelmente à subunidade ribossómica 30S das bactérias, bloqueando a ligação do aminoacil-RNAt ao sítio A do complexo ribossómico do ARNm. Isto impede a adição de aminoácidos ao sítio A do complexo ribossómico do ARNm, impedindo assim a introdução de novos aminoácidos na cadeia peptídica nascente. O primeiro destes compostos foi a clortetraciclina, seguida da oxitetraciclina e da tetraciclina [Guilfoile e Edward 2007 e Fong e Drlica, 2008].

Resistência *de Acinetobacter baumannii* às tetraciclinas

Os mecanismos predomenantes mais tow:

1- Diminuição da acumulação intracelular devido a uma diminuição do influxo ou a um aumento do efluxo por uma bomba de proteínas de transporte ativo.

2- A proteção do ribossoma consiste na produção de proteínas que interferem com a ligação da tetraciclina ao local alvo (Fong e Drlica, 2008).

Os genes mais importantes responsáveis pela resistência à tetraciclina entre os isolados de *Acinetobacter baumannii* foram identificados como *tet* A e *tet* B, que desempenham um papel importante na indução de resistência às tetraciclinas (Guilfoile e Edward 2007). São normalmente detectados através de PCR. A presença destes dois genes provocará um aumento dos valores de CIM para a tetraciclina, a minociclina e a doxiciclina, mas não para a tigeciclina, uma vez que todos os isolados eram sensíveis aos genes *tet* A e *tet* B, tal como referido por Hossien *et al.* (2014).

Uma vez que as espécies de *Acinetobacter* se tornaram uma das principais causas de infeção da corrente sanguínea em contextos de cuidados de saúde e devido à sua capacidade de conferir resistência a penicilinas, cefalosporinas e carbepenemas, a doxiciclina (uma tetraciclina semissintética) foi substituída para tratar espécies *de Acinetobacter* multirresistentes. Num estudo realizado por Khan *et al.* (2014), concluíram que o imipenem e a doxiciclina tinham o melhor espetro de atividade com apenas 48,34% (73 isolados) de resistência em comparação com outros antibióticos, incluindo cefalosporinas de terceira geração e o grupo dos aminoglicosídeos.

Noutro estudo efectuado por Geert *et al.* (2005), os genes de resistência à tetraciclina (TET) foram investigados em 49 estirpes *de Acinetobacter baumannii (MDRAB)* multirresistentes genotipicamente relacionadas e não relacionadas provenientes de hospitais europeus, nas quais 37 estirpes detectaram *tet*(A) ou *tet*(B) e uma destas estirpes possuía tanto *tet*(A) como *tet*(M). Para além disso, todas as estirpes MDRAB continham o gene de efluxo específico *adeB*, independentemente de conterem ou não genes *tet* (Geert *et al.* ,2005). Tanto a resistência adquirida como a intrínseca podem contribuir para a multirresistência. A capacidade de adquirir multirresistência pode dever-se quer à aquisição de elementos genéticos portadores de múltiplos determinantes de resistência, quer a mutações que afectam a expressão de porinas e/ou bombas de efluxo, que podem afetar agentes antimicrobianos não relacionados. A resistência intrínseca pode ser gerada pela interação entre a diminuição da permeabilidade e a expressão constitutiva de sistemas de efluxo activos e também pode afetar agentes antimicrobianos não relacionados. Esta revisão centra-se nos conhecimentos actuais sobre porinas e bomba(s) de efluxo neste microrganismo (Jordi *et al.*,2007).

A TetA e a TetB são bombas de efluxo específicas mediadas por transposão; a TetB determina o efluxo da tetraciclina e da minociclina, ao passo que a TetA determina apenas o efluxo da tetraciclina. Entre 42 isolados de *A. baumannii* resistentes aos carbapenemes provenientes de um surto em Chicago, a tigeciclina foi ativa, mas foram registados casos de *A. baumannii* não susceptíveis à tigeciclina; esta resistência parece ser, pelo menos em parte, atribuível a um mecanismo de bomba de efluxo (Guardabassi *et al.*,2000).

Uma análise recente efectuada por Ruzin *et al.* (2007) confirma o papel da bomba de efluxo Ade ABC como um mecanismo de resistência à tigeciclina. A sobre-expressão do locus *adeABC* correlacionou-se com um aumento de três vezes na CIM em estirpes do complexo *Acinetobacter calcoaceticus* e *A. baumannii*. Como mencionado anteriormente, esta bomba confere uma ampla especificidade de substrato que inclui tigeciclina, gentamicina, levofloxacina e cloranfenicol. Além disso, o sistema de dois componentes AdeRS, que regula a expressão de AdeABC, foi interrompido por uma sequência de inserção, *ISAbal,* nas estirpes resistentes à tigeciclina, ao passo que permaneceu intacto nas estirpes susceptíveis à tigeciclina (Ruzin *et al.*,2007).

O segundo mecanismo é a proteína de proteção ribossomal, um gene de resistência à tetraciclina que codifica a proteína de proteção ribossomal que protege o ribossoma da ação da tetraciclina (Aminov *et al.*, 2001). O gene *tet*(M) codifica esta proteína, que serve para proteger o ribossoma da tetraciclina, da doxiciclina e da minociclina (Ribera *et al.*,.2003). Num estudo realizado por Marilyn (2005), foram detectados diferentes tipos de genes de resistência à tetraciclina entre os *A.baumannii* MDR. Eram cinco genes que codificavam proteínas de efluxo dependentes de energia, dois genes que codificavam proteínas de proteção ribossomal e dois genes que codificavam enzimas de inativação da tetraciclina. O número de enzimas inactivadoras aumentou de um para três.

Devido ao facto de não existir qualquer relatório sobre a produção e purificação de lectinas por *Acinetobacter baumannii,* o objetivo deste estudo é demonstrar a produção de lectinas por *Acinetobacter baumannii*, bem como a purificação e caraterização de lectinas e a análise da atividade antibacteriana para a combinação de lectinas com antibióticos.

Capítulo 4

Material e métodos

1- Recolha de amostras

O estudo incluiu um total de 80 amostras, das quais 40 eram de expetoração e 40 de sangue, recolhidas de doentes em diferentes hospitais da cidade de Bagdade.

2- Análise bacteriológica

As fontes microbianas recolhidas foram transportadas para o laboratório. As amostras foram plaqueadas principalmente em ágar sangue e ágar MacConkey, que foram incubados a 37°C durante 24 horas. Os isolados bacterianos foram observados quanto aos caracteres morfológicos e identificados utilizando os testes orientados pelo Manual de bacteriologia sistémica de Berge. Os isolados suspeitos foram identificados de forma presuntiva utilizando:

A) Exame morfológico

O diagnóstico primário baseado nas caraterísticas morfológicas das colónias, incluindo a forma da colónia, a textura da colónia, a cor e os bordos, foi estudado em função do crescimento bacteriano em ágar-sangue (Holt *et al.*, 1994).

B) Exame Microscópico

Uma colónia isolada foi transportada para uma lâmina microscópica, fixada e depois corada com a coloração de Gram, tendo-se observado a reação de Gram, a forma e a disposição das células. Os resultados foram comparados com os de Holt *et al.* (1994).

C) Testes bioquímicos

Os isolados bacterianos foram submetidos a diferentes testes bioquímicos, incluindo:

1- Teste da oxidase (negativo)

Uma única colónia isolada de bactérias foi transferida para um pedaço de papel de filtro com um aplicador de madeira e, em seguida, foram adicionadas 2-3 gotas de reagente de oxidase ao papel de filtro. A mudança de cor para púrpura escuro no espaço de 20-30 segundos indica um teste positivo. As bactérias oxidase-negativas não produzem esta mudança de cor (Brown, 2005).

2- Teste da catalase (positivo)

O método da lâmina foi utilizado para a deteção da atividade da enzima catalase. Uma quantidade de crescimento puro foi transferida por um bastão de madeira para uma lâmina de microscópio e, em seguida, foi adicionada uma gota de peróxido de hidrogénio a 3% sobre a colónia. A evolução de bolhas de gás indica um resultado positivo (Brown, 2005).

3- Teste do indole (negativo)

Este teste foi realizado através da cultura de uma colónia isolada em 10 ml de água peptonada durante 24 horas a 30°C. Adicionou-se então 0,5 ml de reagente de Kovacs à cultura. O aparecimento de um anel vermelho no topo do meio indica um resultado positivo (Holt *et al.*,1994).

4- Teste de utilização de citrato de Simmon (positivo)

Este teste foi efectuado através da inoculação de lâminas de ágar citrato com uma colónia isolada, esfaqueando o fundo e estriando a superfície da lâmina, incubando depois a 37°C durante 24 horas. A mudança de cor distinta de verde para azul indica o resultado positivo. O teste de utilização de citrato determina a capacidade das bactérias para utilizar o citrato como principal fonte de carbono para as suas necessidades energéticas (Atlas *et al.,* 1995).

5- Ágar Tríplice Açúcar-Ferro (TSI)

Este teste foi efectuado através da inoculação do meio TSI slant com uma colónia isolada de crescimento bacteriano, esfaqueando o fundo e estriando a superfície do slant, depois incubado a 37°C durante 18-24 horas. A mudança de cor do slant e do fundo, a formação de gás e a produção de H2S não foram detectadas (Harley e Prescott, 1996).

6- Teste da urease (negativo)

A produção de urease foi detectada através da inoculação de meio de ureia com uma única colónia isolada de isolados bacterianos e incubada a 30°C durante 18 a 24 horas. A alteração da cor para rosa indica um resultado positivo (Atlas *et al.,* 1995).

7- Teste de motilidade (negativo)

O meio de motilidade foi inoculado com cultura bacteriana por punhalagem e incubado a 30°C durante 24 horas. A formação de turvação à volta da posição de punhalada indica um resultado positivo (motilidade das bactérias).

D) Kits de diagnóstico

1- Sistema de kit bioquímico API 20E

A identificação final dos isolados bacterianos foi efectuada utilizando o sistema de kit bioquímico API 20NE para *Acinetobacter baumannii,* de acordo com o procedimento sugerido pelas empresas fabricantes. Cada sistema foi concebido para a realização de 20 testes bioquímicos padrão a partir de uma única colónia de isolado purificado. Os testes bioquímicos incluídos no API 20NE incluíam a produção de ácido a partir de glucose, xilose, galactose, manose, ramnose e lactose (Holt,1994;Forbes *et al.*,2002), teste de assimilação de histamina(-), teste de oxidação de glucose, teste de liquefação de gelatina(+) e outros. A suspensão bacteriana foi preparada para cada isolado a partir de colónias bem isoladas utilizando a solução de suspensão api e a turvação foi ajustada para 0,5 McFarland (1,5*108 CFU/ml). Com uma pipeta Pasteur estéril, os vinte microtubos foram inoculados de acordo com as instruções do fabricante. Após incubação a 37°C durante 24 horas, a identificação do isolado foi efectuada utilizando o índice de perfil analítico (codificação numérica) para uma identificação rápida ao nível da espécie.

2- Sistema Vitek-2

Além disso, o isolado de *Acinetobacter baumannii* foi confirmado com o sistema Vitek 2, utilizando o cartão Vitek GNI (bio Merieux, França), de acordo com as instruções do fabricante.

O sistema Vitek-2 (BioMerieux, França) é um sistema fenotípico de identificação, que depende das reacções bioquímicas entre os isolados bacterianos suspensos nos respectivos tubos de solução e os meios nos cartões de identificação VITEK-2, para identificar os isolados. Na primeira fase da experiência, 80 amostras de isolados foram inoculadas em placas de ágar MacConky e depois incubadas durante a noite a 37°C. Uma única colónia foi então retirada e suspensa numa solução. A turvação da suspensão bacteriana foi ajustada com o padrão McFarland 0,5 em cloreto de sódio a 0,45%. De seguida, o cartão VITEK 2 -GN (Gram Negativo) e os tubos de suspensão bacteriana foram carregados manualmente no sistema VITEK-2. Os passos seguintes no software foram efectuados de acordo com as instruções do fabricante (BioMerieux, França).

O VITEK 2 é um sistema de microbiologia automatizado que utiliza tecnologia baseada no crescimento. O sistema está disponível em três formatos (VITEK 2 compact, VITEK 2 e VITEK 2 XL) que diferem em níveis crescentes de capacidade e automatização. Todos os três sistemas acomodam os mesmos cartões de reagentes colorimétricos que são incubados e interpretados automaticamente.

VITEK 2 Compacto

Este formato centra-se no ambiente de ensaio de microbiologia industrial, embora também tenha aplicação em laboratórios clínicos de volume baixo a médio. As caraterísticas especificamente desenvolvidas para a microbiologia industrial incluem a conformidade com o CFR 21 Parte 11 (para registos e assinaturas electrónicas) e um cartão de reagente colorimétrico (BCL) utilizado para identificar os bacilos Gram-positivos formadores de esporos (ou seja, *Bacillus* e géneros relacionados). Os outros cartões de reagentes colorimétricos (GN, GP, YST) aplicam-se a todos os formatos de sistemas, tanto para laboratórios industriais como clínicos.

VITEK 2 e VITEK 2 XL

Estes formatos estão mais direcionados para o laboratório de microbiologia clínica e proporcionam maiores níveis de automatização e capacidade para laboratórios de maior volume. Também oferecem a opção de pipetagem e diluição automáticas em para testes de suscetibilidade antimicrobiana.

Cartões de reagentes

Os cartões de reagentes têm 64 poços que podem conter, cada um, um substrato de teste individual. Os substratos medem várias actividades metabólicas, tais como acidificação, alcalinização, hidrólise enzimática e crescimento na presença de substâncias inibidoras. Uma película opticamente transparente presente em ambos os lados do cartão permite o nível adequado de transmissão de oxigénio, mantendo ao mesmo tempo um recipiente selado que impede o contacto com as misturas organismo-substrato. Cada cartão tem um tubo de transferência pré-inserido utilizado para a inoculação. Os cartões têm códigos de barras que contêm informações sobre o tipo de produto, número de lote, data de validade e um identificador único que pode ser associado à amostra antes ou depois de carregar o cartão no sistema. Existem atualmente quatro cartões de reagentes disponíveis para a identificação de diferentes classes de organismos, como se segue:

1. GN - Bacilos Gram-negativos fermentadores e não fermentadores
2. GP - Cocos Gram-positivos e bacilos não formadores de esporos
3. YST - leveduras e organismos semelhantes a leveduras
4. BCL - Bacilos Gram-positivos formadores de esporos

Este sistema é um sistema totalmente automatizado que efectua a identificação bacteriana por análise bioquímica utilizando colorimetria e é altamente automatizado e permite a identificação rápida e precisa de algumas estirpes bacterianas em apenas duas horas.

3- Rastreio da produção de lectinas

3- 1- Análise semi-quantitativa em lâmina de vidro microscópica

Vinte e cinco pl de suspensão bacteriana na diluição 10^{-9} foram misturados com 25µl de solução salina tamponada com fosfato 0,02M (PBS) pH 7.2 numa lâmina de vidro e, em seguida, 25 µl de suspensão de sangue de vários eritrócitos de animais, como galinha, cavalo, cabra, ovelha, coelho e eritrócitos humanos A^+ , B^+ , AB^+ e O^+ a uma concentração de 3%, misturando bem a mistura com pauzinhos de madeira e, em seguida, movendo a lâmina de vidro e examinando-a suavemente perto da fonte de luz para observar a aglutinação. Uma aglutinação num período de 5 minutos corresponde a um resultado positivo. O controlo foi PBS com sangue em vez de suspensão bacteriana (Eshdat e Sharon,1982).

3- 2- Análise quantitativa em placa de microtítulo (ensaio de hemaglutinação)

Os eritrócitos não tratados foram lavados três vezes com solução salina tamponada com fosfato (0,02 M PBS em 0,14M NaCl) pH 7,2 e foram finalmente diluídos para uma suspensão de 3%. Utilizando placas de microtitulação de múltiplos poços, uma série de diluições de duas vezes da suspensão bacteriana ou da solução de lectina (50 µl) em placas de microtitulação em U com solução salina tamponada com fosfato 0,02M (PBS), pH 7,2, foi misturada com o mesmo volume de uma suspensão a 3% de eritrócitos animais e humanos no mesmo tampão e incubada a 37°C durante 2 horas. Um teste de aglutinação positivo foi indicado pela formação de uma camada uniforme de solução sobre a superfície do poço, enquanto um teste negativo foi indicado pela formação de um botão discreto no fundo do poço. A atividade foi quantificada pelo valor do título, que era o recíproco da diluição máxima da lectina que aglutina os eritrócitos. A atividade foi expressa em unidades de hemaglutinação (U.H.). Uma U.H. foi definida como o inverso da diluição mais elevada ainda capaz de provocar aglutinação (Mirelman e Ofek, 1986).

4- Estimativa do teor de proteínas

O teor proteico da enzima foi determinado utilizando o método do corante de Bradford (Bradford, 1976). A concentração de proteínas foi determinada utilizando albumina de soro bovino (BSA) como padrão, utilizando o reagente de Bradford da seguinte forma: **4-1- Preparação da curva-padrão para a albumina de soro bovino**

1- A solução de reserva de albumina de soro bovino foi preparada dissolvendo 0,1 mg da mesma em 100 ml de água destilada.

2- Foram preparadas concentrações seriadas de albumina de soro bovino (10-100 mg /ml) a partir da solução de reserva por diluição com água destilada.

3- Foram adicionados a cada tubo cerca de 4,9 ml de reagente de Bradford, aguardando 5 minutos na obscuridade e medindo depois a densidade ótica a 595 nm. A densidade ótica de cada concentração foi medida por espetrofotómetro a 595 nm.

4- 2- Ensaio proteico da solução enzimática

Adicionou-se um volume de 4,9 ml de reagente de Bradford a tubos de ensaio de plástico e 0,1 ml da solução enzimática foi adicionada ao reagente e incubada a 30 C durante 10 minutos, a densidade ótica foi medida a 595 nm, a concentração proteica foi estimada em função da curva padrão de albumina de soro bovino.

Concentração de proteínas (mg/ml)=O.D.(595 nm)/(declive x 1000)

5- Extração e purificação da lectina

O isolado bacteriano selecionado foi cultivado em meio de Antígenos de Factores de Colonização (CFA) descrito por (Kohno *et al.*, 1984), composto pelo seguinte (g/L): gasaminoácido, 10; extrato de levedura, 1,5; Mg SO_4, 0,05; $MnCl_2$, 0,005 a 37°C durante 24 horas, depois as células foram colhidas por centrifugação a 8000rpm durante 30 min, lavadas duas vezes e ressuspensas em tampão fosfato salino 0,02M (PBS) pH 7,2. As células foram quebradas por esferas de vidro durante 50 minutos a 4°C utilizando o vórtex. As células inteiras residuais e os fragmentos de membrana celular foram removidos por centrifugação a 8000rpm durante 20 min. O sobrenadante resultante foi utilizado como ponto de partida para estabelecer a atividade de hemaglutinação da lectina em extractos celulares brutos.

O sobrenadante foi fraccionado com sulfato de amónio a concentrações de 20-80% de saturação e o precipitado obtido após centrifugação a 8000 rpm durante 30 min foi suspenso em tampão fosfato salino (PBS) 0,02M pH 7,2 e a atividade de hemaglutinação e a concentração de proteínas foram medidas. A proteína dialisada foi aplicada a uma coluna QAE - Sephadex (3 25cm) previamente equilibrada com o mesmo tampão. A coluna foi lavada com o mesmo tampão e a eluição foi efectuada com um gradiente de sal contendo NaCl 0,1-0,5M. A atividade de hemaglutinação de cada fração foi testada como descrito acima. As fracções que revelaram um pico significativo de atividade foram misturadas e aplicadas numa coluna Sephadex G-200 (2 90cm) previamente equilibrada com o mesmo tampão. As fracções que revelaram a atividade proteica e de hemaglutinação no mesmo pico foram misturadas e transferidas para um novo tubo esterilizado para estudo posterior. O pico ativo representa a lectina purificada.

6- Caracterização da lectina

6-1-Efeito da temperatura na atividade das lectinas:

A temperatura óptima da lectina foi determinada medindo a atividade de hemaglutinação a várias temperaturas (30,35,40,45,50, 55,60,65 e 70°C).

6-2- Efeito do pH na atividade das lectinas:

O pH ótimo para a atividade da lectina foi determinado através da realização da reação em diferentes valores de pH, utilizando diferentes tampões (fosfato 0,1M, pH 4,0-7,0, Tris-HCl 0,2M, pH 7,5-9,0).

6-3- Efeito dos aditivos na atividade das lectinas:

Um ml de diferentes sais como NaCl, KCl, $CaCl_2$, $CuSO_4$, $CoCl_2$, $MgCl_2$, $MnCl_2$, $ZnSO_4$ e $FeCl_3$ e diferentes detergentes como Tween-20, Tween-40, Tween-60, Tween-80, Triton X-100 e SDS foram misturados com 1 ml de lectina purificada e incubados a 37°C durante 2 horas, tendo depois sido determinada a atividade de hemaglutinação como descrito anteriormente.

7-Efeito da lectina na atividade antibiótica

A atividade antimicrobiana dos antibióticos ceftazidima e samaciclina foi analisada utilizando o método de macrodiluição (NCCLS, 2000) contra *S . aureus* e *E. coli.* Para determinar as concentrações inibitórias mínimas (CIM), cada antibiótico foi dissolvido em água destilada para obter uma concentração de stock de 10000 μg/ml. A concentração de reserva de cada antibiótico foi filtrada utilizando um filtro de miliporo de 0,22 μm. Foram feitas diluições em série de duas vezes de cada antibiótico com caldo nutriente para dar concentrações que variam de 1 a 5000 μg/ml. Cem microlitros de 10^4 cfu/ml de suspensão bacteriana (*S. aureus* e *E. coli,* separadamente) foram adicionados aos tubos de ensaio estéreis com tampa. 50μl de cada diluição foram colocados em poços (7 mm de diâmetro) no meio de ágar Mueller-Hinton. Todos os tubos e placas foram então incubados a 37°C durante 18 a 24 horas. A concentração mais baixa de antibiótico que não mostra crescimento visível no caso de utilização de tubos e a zona de inibição no caso de utilização de placas foi registada como a concentração inibitória mínima (CIM).

A combinação de lectina purificada com ceftazidima e samaciclina separadamente foi testada utilizando os mesmos métodos acima referidos contra *S. aureus* e *E. coli,* uma vez que cem microlitros de cada suspensão bacteriana e lectina foram adicionados separadamente a diluições em série de duas vezes do antibiótico. 50μl de cada diluição foram colocados em poços (7 mm de diâmetro) em meio de ágar Mueller-Hinton. Todos os tubos e placas foram então incubados a 37°C durante 18 a 24 horas. A concentração mais baixa de antibiótico que não mostra crescimento visível no caso dos tubos utilizados e a zona de inibição no caso das placas utilizadas foi registada como a concentração inibitória mínima (CIM).

Capítulo 5

Resultados e divergências

1- Isolamento de *Acinetobacter baumannii*

Os resultados revelaram que 6 (7,5%) isolados de *Acinetobacter baumannii* foram obtidos a partir de 80 amostras. Entre estes seis isolados, 4 (67%) foram isolados da expetoração e 2 (33%) foram isolados do sangue (figura 1). Os isolados *de Acinetobacter baumannii* foram isolados do trato respiratório inferior com maior frequência (Scopes,1994). Também (Humphreys e Tower,1997) referiram que, de 36 isolados *de Acinetobacter baumannii*, 26 (72,2%) eram provenientes de secreções do trato respiratório. Os isolados *de Acinetobacter* spp. foram isolados do sangue numa taxa baixa, o que indica a sua capacidade de causar muitas infecções (Bergogne e Tower,1996). A maioria das infecções nosocomiais relacionadas com isolados *de Acinetobacter* spp. envolveu infecções do trato respiratório, infecções da corrente sanguínea, infecções de feridas e infecções do trato urinário e *Acinetobacter* spp. tem a capacidade de colonizar superfícies artificiais, tais como equipamento hospitalar, e de se manter constante durante longos períodos (Mammina *et al.* ,2012). A razão para a diferença na proporção de isolamento destas bactérias prende-se com a diferença na recolha de amostras, as condições de saúde dos doentes, bem como a variação no número de amostras recolhidas para o estudo e a utilização aleatória de antibióticos. Num estudo efectuado por (Koljalg *et al.*, 1996) revelaram que a fonte de isolamento das bactérias tem um papel importante na sua adesão e agregação, uma vez que as *Acinetobacter baumannii* isoladas de feridas e amostras de sangue mostraram uma menor agregação em comparação com os isolados que isolaram do trato respiratório inferior e isolados ambientais. Russo *et al.* (2002) referiram que mais de 60% das infecções por pneumonia adquiridas em hospitais eram causadas por bactérias gram-negativas, incluindo *Acinetobacter baumannii*.

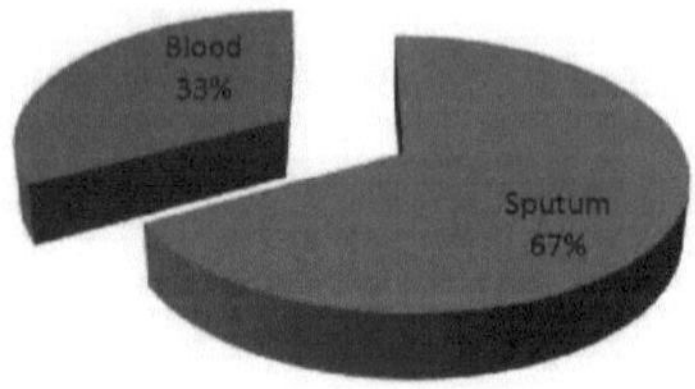

Figura-1: Taxas de isolamento de *Acinetobacter baumannii* a partir de diferentes amostras clínicas

2- Deteção de produtores de lectinas

2-1- Análise semi-quantitativa em lâmina de vidro microscópica

Os resultados da hemaglutinação na lâmina de vidro revelaram que todos os isolados bacterianos apresentaram actividades de hemaglutinação elevadas para os eritrócitos humanos (A^+ , B^+ ,AB^+ e O^+), enquanto os outros eritrócitos animais, como os eritrócitos de coelho e de galinha, apresentaram uma hemaglutinação baixa, ao passo que os eritrócitos de ovelha, cabra e cavalo não apresentaram qualquer atividade de hemaglutinação (quadro 1).

Quadro-1: Diferenças das actividades de hemaglutinação dos isolados *de Acinetobacter baumannii* em relação a vários eritrócitos através do método de lâmina de vidro microscópica

Isolar	Eritrócitos humanos				Eritrócitos animais				
Não.	A^+	B^+	AB^+	O^+	Coelho	Ovinos	Cabra	Cavalo	Galinha
AbS_1	*+ + +	+ + + +	+ +	+ + + +	+ +	-	-	-	+
AbS_2	+ +	+ + +	+	+ + +	+	-	-	-	++
AbS_3	+ + +	+ + + +	+ +	+ + + + +	++	-	-	-	++
AbS_4	+ +	+ + +	+	+ + + +	+ +	-	-	-	+
AbB_1	+ +	+ +	+ +	+ +	+	-	-	-	+
AbB_2	+	+ +	+	++	+	-	-	-	+

*+:Grau de hemaglutinação

O Acinetobacter baumannii S_3 apresentou maior valor de hemaglutinação(+ + + + + + +) com o grupo sanguíneo O^+ , seguido pelos isolados (S_4 e S_1) que emergiram

os valores de aglutinação (++++), enquanto o isolado *Acinetobacter baumannii* B_2 apresentou o nível mais baixo (++) de produção de lectina. Entre os grupos sanguíneos testados, verificou-se que o grupo sanguíneo O^+ foi o melhor e o grupo sanguíneo B^+ ficou em segundo lugar, mas os níveis mais baixos de hemaglutinação revelaram-se para os grupos sanguíneos A^+ e AB .$^+$

2-2- Análise quantitativa em placa de microtitulação (ensaio de hemaglutinação)

Todos os isolados bacterianos apresentaram actividades de hemaglutinação em placas de microtítulo e os resultados demonstraram que *o Acinetobacter baumannii* S_3 apresentou um título mais elevado de 128U/ml de hemaglutinação em relação ao grupo sanguíneo O^+ , seguido do grupo sanguíneo B^+ , que apresentou 64U/ml; em contrapartida, os títulos mais baixos revelaram-se em relação ao grupo sanguíneo A^+ , seguido do AB^+ e os outros eritrócitos animais apresentaram um título mais baixo de hemaglutinação (quadro 2), pelo que a atividade de hemaglutinação não foi específica do tipo sanguíneo.

Quadro-2: Diferenças das actividades de hemaglutinação dos isolados *de Acinetobacter baumannii* em relação a vários eritrócitos pelo método da placa de microtítulo

Número de isolamento	Eritrócitos humanos				Eritrócitos animais					Com o grupo O^+	
	A^+	B^+	AB+	O^+	Coelho	Ovinos	Cabra	Cavalo	Frango	Concentração de proteínas (mg/ml)	Atividade específica (U/ml)
AbS_1	32	64	16	64	16	-	-	-	8	5.98	10.70
AbS_2	8	32	4	32	8	-	-	-	2	3.65	8.76
AbS_3	32	64	16	128	16	-	-	-	8	9.33	13.71
AbS_4	8	32	4	64	16	-	-	-	8	7.32	8.74
AbB_1	8	16	8	16	4	-	-	-	4	2.21	7.23
AbB_2	8	8	4	16	4	-	-	-	2	2.14	7.47

O título mais elevado foi encontrado com o tipo de sangue O^+ , uma vez que a atividade atingiu 2048U/ml para *Acinetobacter baumannii* (Kawsar *et al.*, 2010). *O Acinetobacter baumannii* possui Pilli de tipo 1 que têm a capacidade de hemaglutinar os eritrócitos que contêm manose e este tipo de pilli é considerado dos vectores de virulência que facilitam a adesão das bactérias às células epiteliais (Duncan *et al.*,2005). Num estudo relatado por Mesa *et al.* (2005), verificou-se que a lectina purificada de *Artocarpus camansi* aglutinou os tipos sanguíneos O^+ e A^+ em níveis mais elevados e o tipo sanguíneo B^+ em níveis mais baixos, em contraste, não aglutinou os tipos sanguíneos AB+ . Enquanto a lectina purificada *de Prunella vulgaris* mostrou uma capacidade de aglutinar hemácias de galinha e incapacidade de aglutinar grupos sanguíneos humanos (Wani *et al.* ,2011). A lectina produzida por *Mycobacterium smegmatis* aglutinou eritrócitos de diferentes animais, como coelho, vaca e cabra, e também aglutinou inespecificamente eritrócitos humanos A^+ ,B^+ e O^+ (Kundu *et al.*,1989).

A aglutinação das células é um processo complexo que provavelmente requer a ligação lectina à superfície celular, o movimento lateral e o agrupamento dos receptores da lectina, alterações na rede citoesquelética, associações intercelulares, alterações bioquímicas, redistribuição das cargas da superfície celular e outras alterações que, em última análise, resultam em agregados multicelulares. Uma vez que a aglutinação celular é um processo tão complexo, é difícil de medir quantitativamente. A atividade hemaglutinante é o ensaio mais frequentemente utilizado para a deteção de lectinas numa amostra, devido à simplicidade de implementação e à facilidade de visualização da aglutinação. Uma alíquota da amostra é diluída em série numa placa de microtitulação antes da adição de eritrócitos e a atividade hemaglutinante (título) é definida como o recíproco da diluição mais elevada da amostra que promove a aglutinação completa dos eritrócitos. A atividade hemaglutinante ocorre quando a lectina se liga aos hidratos de carbono da superfície dos eritrócitos, promovendo a formação de uma rede entre eles; por vezes, a lectina não é detectada devido a impedimentos estéricos na interação lectina-carboidrato e é necessário um tratamento enzimático prévio dos eritrócitos para que ocorra a hemaglutinação (Teixeira-Sa *et al.*, 2009). O ensaio de hemaglutinação permite avaliar a estabilidade da lectina a valores de pH e temperatura, podendo assim determinar as condições a utilizar na aplicação biotecnológica da lectina. Além disso, o ensaio pode revelar a especificidade da lectina em termos de hidratos de carbono, definida pelo hidrato de carbono que inibe mais eficazmente a atividade hemaglutinante. Estratégias alternativas para detetar a especificidade das lectinas em termos de hidratos de carbono são o método de ressonância plasmónica de superfície, que utiliza hidratos de carbono imobilizados num prisma de vidro revestido a ouro, e o ensaio de adsorvente ligado a enzimas, que utiliza conjugados de monossacárido-poliacrilamida nas microplacas (Vornholt *et al.*,2007;Wang *et al*, 2009).

3- Extração e purificação da lectina

A lectina foi extraída utilizando as esferas de vidro, a atividade de hemaglutinação aumentou para 256U/ml com atividade específica (119,62U/mg). A lectina foi purificada utilizando técnicas padrão, incluindo o fracionamento com sulfato de amónio (20-80%), a cromatografia de permuta iónica QAE-Sephadex e a cromatografia de filtração em gel Sephadex G-200. O extrato bruto foi submetido a um fracionamento com sulfato de amónio e os resultados revelaram que a razão de saturação de 35% alcançou uma atividade específica de 363,12 U/mg, com 3,03 dobras de purificação e um rendimento de 84,8%. As proteínas foram separadas de outras substâncias co-extraídas pelo PBS no extrato bruto, precipitando-as com sulfato de amónio. Este processo de precipitação das proteínas é designado por salting-out, em que uma solução salina diminui a solubilidade e precipita as proteínas. As soluções salinas, como o sulfato de amónio e o sulfato de magnésio, absorvem a água de hidratação que envolve e protege as proteínas do extrato, provocando a coagulação destas últimas (Finkelstein e Hanne, 1982). A precipitação com sulfato de amónio, seguida de uma etapa de diálise, permite retirar este sal da amostra e levar à concentração do produto. É importante remover o sulfato de amónio da solução precipitada, uma vez que a sua presença pode dar origem a aglutinação falsa positiva. Após a diálise, a amostra é aplicada no permutador de iões QAE- Sephadex. A eluição com um gradiente de NaCl de 0,1 a 0,5M mostrou três picos de proteínas e o primeiro pico de proteína continha a atividade de hemaglutinação, como se mostra na figura (2). Aqui a atividade específica foi aumentada para 1077,89 U/mg com 9,01 vezes de purificação e 78,78% de rendimento da lectina. A cromatografia de filtração em gel com sephadex G-200 foi a última etapa da purificação da lectina. As fracções eluídas desta etapa continham dois picos de proteína, a atividade de hemaglutinação só foi revelada no segundo pico de proteína, como se mostra na figura (3). Nesta última etapa, a atividade específica atingiu 4876,19 U/mg com 40,76 vezes de purificação e um rendimento de 72,72%. Os resultados da purificação da lectina foram resumidos na (tabela-3).

O primeiro passo na recuperação de proteínas intracelulares é a rutura celular, pelo que existem vários dispositivos para a rutura celular por ultra-sons, cisalhamento ou moagem de esferas. Em muitos casos (especialmente durante estudos preliminares), seria útil um método simples, barato e rápido para a rutura celular, que preservasse a atividade biológica no extrato bruto e desse um rendimento proteico suficiente (Benov e Al-Ibraheem, 2002).

As esferas de vidro, que funcionam para células facilmente rompidas, são baratas, podem ser utilizadas várias amostras ao mesmo tempo e permitem obter uma elevada concentração de proteínas. O vortex beading, que permite extrair as proteínas periplásmicas, é semelhante à sonicação, na medida em que a amostra e as esferas são misturadas e colocadas num vortex para induzir um batimento mecânico e é importante arrefecer a amostra (Benov e Al- Ibraheem, 2002).

As pérolas pequenas são as mais eficazes para quebrar as bactérias. Normalmente, as pérolas de zircónio ou de sílica de 100 um são as mais eficazes para quebrar as bactérias. No caso de bactérias diluídas, as pérolas de baixa ligação proporcionam rendimentos elevados de analitos, melhorando assim a sensibilidade do ensaio. Quando as células foram rompidas por vórtex com pérolas de vidro, o principal fator que influenciou o rendimento foi o rácio de pérolas de vidro/volume de suspensão celular. Para suspensões com A600 nm=10, o rácio ótimo parece ser de ~1,0 g de esferas de vidro por ml de suspensão celular final. Uma vez que esta quantidade de pérolas produz uma pasta espessa, o extrato bruto foi recolhido com uma pipeta automática. Para evitar o entupimento da ponta da pipeta, as esferas foram espalhadas nas paredes do tubo através de uma rotação suave do tubo inclinado antes de o extrato bruto ser aspirado. A forma e o tamanho do tubo em que a suspensão foi agitada em vórtice também afectaram a recuperação das proteínas. Para 1,0-2,0 ml de suspensão celular, os tubos de centrifugação de vidro de fundo redondo com ~15 mm de diâmetro interno deram os melhores resultados. Neste caso, podem ser agitados até 7 tubos ao mesmo tempo se estiverem bem unidos com elásticos. As variações entre os tubos não excederam os 10%. A agitação em vórtex com esferas é preferível, não só quando é necessária uma elevada concentração de proteínas, mas também quando as proteínas perdem facilmente a sua atividade. Uma vez que as amostras podem ser mantidas numa atmosfera anaeróbia e a temperaturas muito próximas de 0oC, as actividades são preservadas ao máximo. No que diz respeito ao rendimento proteico, o vortexing das esferas é comparável à prensagem francesa e à sonicação. Para obter uma libertação máxima de proteínas, o rácio entre as esferas de vidro e a suspensão celular deve ser mantido próximo de 1:1 (p/v) (Benov e Al-

Ibraheem,2002).

O isolamento das lectinas pode ser efectuado através de uma combinação de diferentes técnicas de purificação. Para precipitar as lectinas, podem ser utilizados ácidos (por exemplo, ácido acético), solventes orgânicos (por exemplo, acetona) ou sais (por exemplo, sulfato de amónio). Podem ser utilizados vários métodos cromatográficos, incluindo a cromatografia de afinidade, a cromatografia de permuta iónica, a cromatografia de interação hidrofóbica e a filtração em gel. Um aumento do número de etapas de purificação resulta geralmente numa recuperação mais baixa. Para produzir uma grande quantidade de lectinas, o primeiro critério é um elevado teor de lectinas no material de partida. O segundo critério é a utilização de um protocolo de purificação simples. A sequência das etapas de purificação conduziu a um aumento da atividade específica da lectina e o tempo para a atividade de hemaglutinação diminuiu, o que pode estar relacionado com a eficiência do processo de purificação e a diminuição dos materiais contaminantes.

No entanto, verificou-se um pequeno desvio em relação a estas tendências, com o sulfato de amónio a apresentar uma atividade específica inferior e um tempo de hemaglutinação mais longo do que o do produto bruto. No entanto, logo que o sulfato de amónio foi removido por diálise, a atividade específica aumentou, pelo que se pode inferir que o sulfato de amónio inibe a atividade de hemaglutinação da lectina.

A lectina de *Prunella vulgaris* foi purificada por cromatografia de sulfato de amónio, Sephadex G-100 e DEAE-celulose e apresentou uma purificação de 7,66 vezes e um rendimento de 51,69%(11). A hemaglutinina solúvel (HA) (lectina da cólera) produzida pela estirpe CA401 *de Vibrio cholerae* foi purificada até à homogeneidade aparente através de uma sequência de fracionamento com sulfato de amónio, filtração em gel e focalização isoeléctrica preparativa com uma atividade específica de 110 U/mg e um rendimento de 0,02% (Li *et al.*, 2012). A purificação da lectina de *Aspergillus fumigatus* foi conseguida por filtração em gel seguida de cromatografias de troca iónica e de interação hidrofóbica com 21,7 vezes de purificação e uma recuperação global de 0,96% (Awoyinka e Dada, 2011).

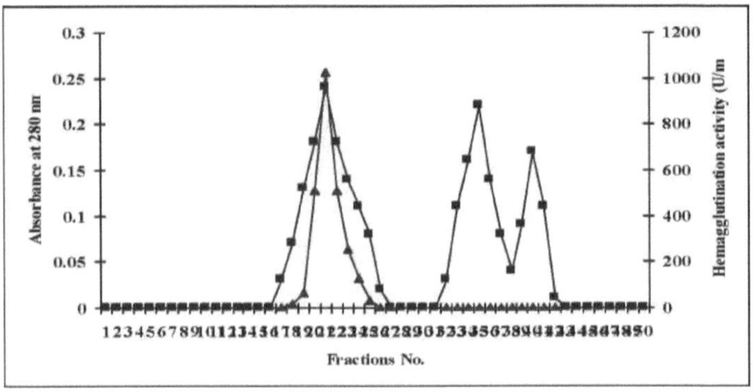

Figura (2): Purificação da lectina de *Acinetobacter baumannii* utilizando permuta iónica na coluna QAE - Sephadex. (▲) refere-se à atividade de hemaglutinação, (■) refere-se à concentração de proteínas.

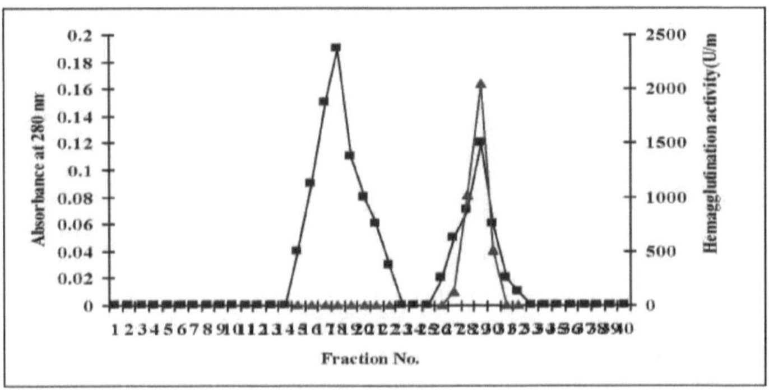

Figura (3): Purificação da lectina de *Acinetobacter baumannii* por filtração em gel numa coluna de sephadex G-200. (▲) refere-se à atividade de hemaglutinação, (■) refere-se à concentração de proteínas

Tabela (3): Resumo do tratamento para a purificação da lectina de *Acinetobacter baumannii*

Etapa de purificação	Tamanho (ml)	Atividade de hemaglutinação (U/ml)	Concentração de proteínas (mg/ml)	Atividade específica (U/mg)	Atividade total	Dobra de purificação	Rendimento (%)
Extrato bruto	66	256	2.14	119.62	16896	1	100
$(NH_4)_2SO_4$ Saturação de	28	512	1.41	363.12	14336	3.03	84.8
QAE -Sephadex	13	1024	0.95	1077.89	13312	9.01	78.78
Sephadex G-200	6	2048	0.42	4876.19	12288	40.76	72.72

4- Caracterização da lectina

4- 1-Efeito da temperatura na atividade da lectina

A temperatura óptima da atividade da lectina purificada foi de 30°C (Figura 4), depois a atividade de hemaglutinação diminuiu com o aumento da temperatura e verificou-se que a lectina se tornou completamente inativa a 55-70°C. A lectina purificada de *Sophora alopecuroides* apresenta uma temperatura óptima a 30°C (Li *et al.*,2012). A atividade da lectina purificada de *Schizophyllum commune* começou a diminuir a 55°C e perdeu-se completamente a 65°C após 30 minutos (Chumkhunthod *et al.*, 2006).

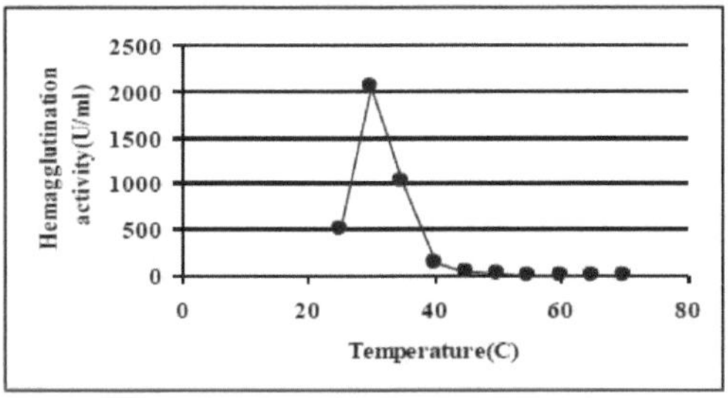

Figura (4): Efeito da temperatura na atividade da lectina de *Acinetobacter baumannii*

4- 2- Efeito do pH na atividade da lectina

O pH ótimo da lectina purificada foi 7 (Figura 5) e a atividade de hemaglutinação diminuiu com valores de pH superiores ou inferiores a este valor. A atividade da lectina produzida por *Sophora alopecuroides* foi reforçada a um pH ácido muito elevado e inibida a um pH básico elevado (Li *et al.*, 2012). A atividade da lectina purificada de *Schizophyllum commune* não foi afetada de forma acentuada pelo pH e a atividade máxima foi mantida a um pH de 5,0 a 9,0 (Chumkhunthod *et al.*, 2006).

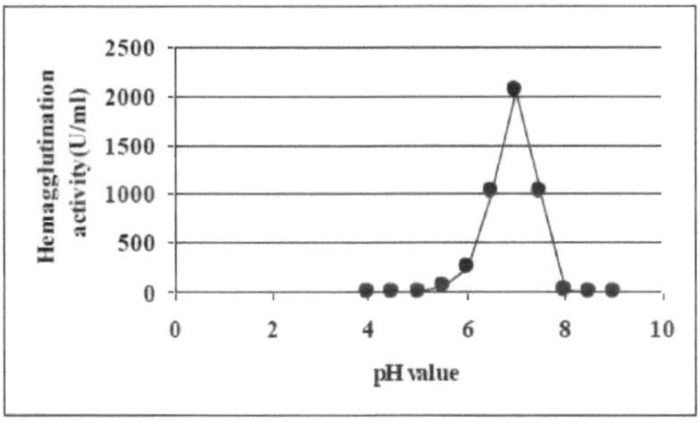

Figura (5): Efeito do pH na atividade da lectina de *Acinetobacter baumannii*

4- 3- Efeito dos aditivos na atividade da lectina

O efeito dos aditivos na atividade da lectina foi estudado misturando cada um dos aditivos com a lectina purificada. Os iões metálicos Mn^{2+} e Mg^{2+} levaram a um aumento da atividade da lectina com actividades relativas de 132 e 122%, respetivamente. Os outros iões metálicos, como K^{+}, Na^{+} e Ca^{2+} não tiveram qualquer efeito na atividade da lectina. Em contrapartida, os aditivos remanescentes, como Zn^{2+}, Cu^{2+}, $Co^{(2+)}$) e Fe^{3+} e todos os detergentes estudados inibiram a atividade de hemaglutinação da lectina (quadro 4). A atividade de hemaglutinação da lectina purificada de *Sophora alopecuroides* foi estimulada por Mn^{+2} (Li *et al.,2012}*. Além disso, a atividade da lectina das sementes de *Cissus poplunea* foi reforçada por D-galactose e $MgCl_2$ (Awoyinka e Dada,2011).

Tabela (4): Efeito dos sais e detergentes na atividade da lectina

sal	Atividade remanescente (%)	Detergente	Atividade remanescente (%)
NaCl	100	**Intermédio-20**	18
KCl	100	**Entre 40**	21
$CaCl_2$	100	**Entre 60**	6
$CuSO_4$	13	**Tween-80**	13
$CoCl_2$	63	**Tritão X-100**	8
$MgCl_2$	122	**SDS**	14
$MnCl_2$	132		
$ZnSO_4$	55		
$FeCl_3$	34		

5- Efeito da lectina na atividade antibiótica

O estudo preliminar mostrou que a ceftazidima apresentou uma fraca atividade antibacteriana contra as estirpes de referência *S. aureus* e *E. coli,* uma vez que as suas CIM foram de 256 e 1024 µg/ml, respetivamente. Em contrapartida, a combinação de lectina com ceftazidima tem uma forte atividade antibacteriana contra *S. aureus* e *E. coli,* respetivamente. As CIM da ceftazidima diminuíram para 32 e 128µg/ml, respetivamente, também os mesmos resultados foram obtidos no caso da utilização do método de difusão em ágar, em que os diâmetros das zonas de inibição atingiram 28 mm a 32µg/ml para *S. aureus* e 26 mm a 128µg/ml para *E. coli*, como se mostra na tabela (5) e na figura (6). A samaciclina também revelou uma atividade antibacteriana muito fraca contra estas estirpes de referência, uma vez que os seus CMI foram de 5000 e 2500 µg/ml, respetivamente, mas em combinação com a lectina a sua atividade foi melhorada. As CIM da samaciclina diminuíram para 1024 e 512 µg/ml com diâmetros de zonas de inibição de 23 e 17 mm para *E. coli* e *S. aureus,* respetivamente. De acordo com os resultados do efeito da lectina na atividade antibiótica, a lectina levou a um aumento da atividade da ceftazidima em cerca de dez vezes e da samaciclina em cinco vezes, em comparação com os controlos (antibiótico isolado). Estes resultados indicam que a lectina aumentou a atividade antimicrobiana dos antibióticos e teve um efeito de sinergismo, pelo que a lectina pode ser um agente adjuvante útil para o tratamento de muitas infecções em combinação com antibióticos.

Tabela (5): CIM de antibióticos para estirpes *de S. aureus* e *E. coli* em tubos e placas com e sem lectina

Antibiótico	**Bactérias**	**CIM para o antibiótico isolado (µg /ml)**	**Diâmetro da zona de inibição (mm)**	**CIM para antibiótico + Lectina (µg /ml)**	**Diâmetro da zona de inibição (mm)**
Ceftazidima	*E. coli*	1024	19	128	26
	S. aureus	256	22	32	28
Samaciclina	*E. coli*	2500	20	512	23
	S.aureus	5000	13	1024	17

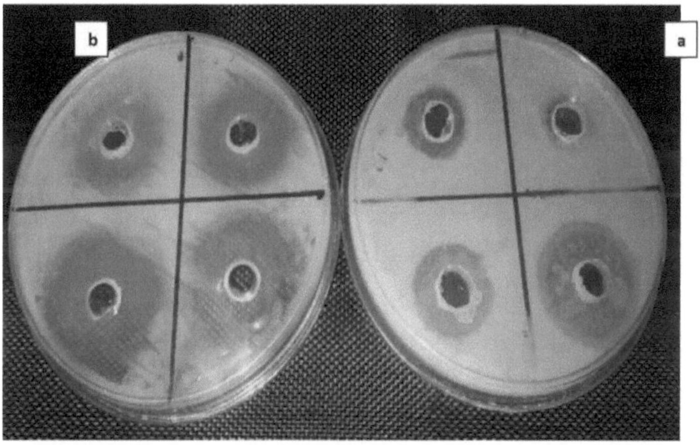

Figura-6: a) Zonas de inibição das concentrações de ceftazidima contra *S. aureus* b) Zonas de inibição das concentrações de ceftazidima e combinações de lectinas contra *S. aureus*

Referências

Ahmad, N.; Prakash, N.; Maheshwari, S.K.(2012). Gene L-asparaginase - uma abordagem terapêutica para medicamentos para células cancerígenas, Intern. J. Biosci., 2(4):1- 11.

Aminov, R.I.; Garrigues-Jeanjean, N. e Mackie, R.I.(2001). Molecular ecology of tetracycline resistance: development and validation of primers for detection of tetracycline resistance genes encoding ribosomal protection proteins. Applied and environmental microbiology,67(1):22-32.

Antunes, L. C. S.; Imperi, F.; Carattoli, A. e Visca, P.(2011). Decifrando a natureza multifatorial da patogenicidade *de Acinetobacter baumannii*. PLoS ONE. 6:e22674.

Atlas, R.M.; Brown, A.F. e Parks, L.C.(1995). Laboratory manual of experminatal Microbiology. 1ª edição, Mosby Company. Baltimore.

Awoyinka, O.A. e Dada, O.O.(2011). Purificação Parcial e Caracterização da Lectina das Sementes de *Cissus poplunea,* European J. Med.Plants.,1(4):130-139.

Bah, C.S; Fang, E.F.; Ng, T.B.; Mros, S.; McConnell, M. e Bekhit, A.E.(2011). Purificação e Caracterização de uma Lectina de Ovas de Salmão Chinook de Ligação à Ramnose com Atividade Antiproliferativa para Células Tumorais e Atividade Indutora de Óxido Nítrico para Macrófagos Murinos. J. Agric. Food Chem.

Benov, L. e Al-Ibraheem, J. (2002). Desregulação *de Escherichia coli:* Uma comparação de métodos. J. Biochem. Mol. Biol, 35(4):428-431.

Bergogne, B. e Tower, k.J.(1996). *Acinetobacter* spp. como agentes patogénicos nosocomiais caraterísticas microbiológicas clínicas e epidemiológicas, Clin. Microbiol. Rev., 9:148-163.

Bergogne-Berezin, E. e Joly-Guillou, M. L.(1986). Atividade comparativa de imipenem, ceftazidima e cefotaxima contra *Acinetobacter calcoaceticus*. Journal of Antimicrobial Chemotherapy 18(Supplement E): 3539.

Bonomo, R.A., Szabo, D.(2006). Mechanisms of multidrug resistance in *Acinetobacter Acinetobacter* species and *Pseudomonas aeruginosa.* Clin Infect Dis.; 43(Suppl 2):49-56.

Bosshard, P. P.; Zbinden, R.; Abels, S.; Boddinghaus, B.; Altwegg, M. e Bottger, E. C. (2006). Sequenciação do gene 16S rRNA versus o sistema API 20 NE e o cartão VITEK 2 ID-GNB para identificação de bactérias Gram-negativas não fermentadoras no laboratório clínico. J. of Clin. Microbiol., 44(4): 1359-1366

Bradford, M.(1976). Um método rápido e sensível para a quantificação de quantidades de microgramas de proteínas utilizando o princípio da ligação de corantes proteicos. Anna. Biochem.,72:248-254.

Brooks, G.F.; Carroll, K.C.; Butel, J.S. e Morse, S.A.(2010). Jawetz, Melnick e Adelbergs. Medical Microbiolgy .25th Ed. Lange Medical Books/ McGraw -Hill Companies.

Brown, A.E.(2005). Aplicações Microbiológicas. Manual de Laboratório de Microbiologia Geral. McGraw-Hill. Nova Iorque.

Chumkhunthod, P.; Rodtong, S.; Lambert, S. J.; Fordham-Skelton, A.P.; Rizkallah, P.J. Wilkinson, M.C e Reynolds, C.D.(2006). Purificação e caraterização de uma lectina específica de N-acetil-D-galactosamina do cogumelo comestível *Schizophyllum commune.* Biochimica et Biophysica Ata, 1760:326-332.

Constantnu, S.; Pomaniuc, A. ; lancu, L.S.(2004). Caraterísticas culturais e bioquímicas de estirpes *de Acinetobacter* spp. isoladas de unidades hospitalares. j. preven. medic.,12:35-42.

Dijkshoorn, L.; Aucken, H.; Gerner-Smidt, P.; Janssen, P.; Kaufmann, M.E.; Garaizar, J.; Ursing, J. e Pitt, T.L.(1996). Comparação de estirpes *de Acinetobacter baumannii* com surto e sem surto através de métodos genotípicos e fenotípicos. J. Clin. Microbiol, 34(6):1519-1525.

Dijkshoorn, L.; Aucken, H.M.; Gerner-Smidt, P.;Kaufmann, M.E.; Ursing, J. e Pitt, T.L.(1993). Correlação de métodos de tipagem para isolados de *Acinetobacter* provenientes de surtos hospitalares. J. Clin. Microbiol, 31(3):702-705.

Dijkshoorn, L.; Nemec, A. e Seifert, H.(2007). An increasing threat in hospitals: multidrug-resistant *Acinetobacter baumannii.* Nat Rev Microbiol, 5(12):939-951.

Duncan, M.J.; Mann, E.L.; M.S.; Ofek, I.; Sharon, N.; Abraham, S.N. (2005).As especificidades de ligação distintas exibidas pelas fímbrias Enterobacterianas de tipo 1 são determinadas pelos seus eixos fímbricos. J. Bio. Chem.,280:37707- 37716.

El-Ahwany, A. M.D. e Youssef, A.S.(2007). Produção de xilanase por bacillus pumilus optimizada por método estatístico e de imobilização. Res. J. Agricul. Biol. Sci.,3(6): 727-732.

Eliopoulos, G. M.; Maragakis, L.L. e Perl, T.M.(2008). *Acinetobacter baumannii:* epidemiologia, resistência antimicrobiana e opções de tratamento. Clinical infectious diseases,46(8):1254-1263.

Eshdat,Y. e Sharon,N.(1982). *Escherichia coli* surface lectins. In: methods in enzymology.(ed. Ginsburg,V.). 83:38-391.

Federico, P.; Andrea, M.; Hujer, K.M.; Decker, B. K.; Rather, P. N. e Bonomo, R.A.(2007). Global challenge of multidrug-resistant *Acinetobacter baumannii.* Antimicrobial agents and chemotherapy, 51(10):3471-3484.

Felipe, F.; Martmez-Martmez,L.; Conejo, C.; Ayala, J.A.; Perea, E.J. e Pascual, A. (2003). Relação entre a produção de β-lactamase, a proteína da membrana externa e os perfis da proteína de ligação à penicilina na atividade dos carbapenemes contra isolados clínicos de *Acinetobacter baumannii.* Journal of Antimicrobial Chemotherapy,51(3):565-574.

Finkelstein, R.A. e Hanne, L.F. (1982). Purificação e Caracterização da Hemaglutinina Solúvel (Lectina da Cólera) Produzida por *Vibrio cholerae.* Inf. Immun.,369(3):1199-1208.

Fong, I. W. e Drlica, K. (2008). Antimicrobial Resistance and Implications for the Twenty-First Century 1st Ed. Springer Science & Business Media, Nova Iorque,

Fournies, P.E. e Richet, H.(2013). A epidemiologia e o controlo de *Acinetobacter baumannii* em instalações de cuidados de saúde, Clin. Inf. Dis., 42: 692-609. Garcia, I., Fainstein, V.; LeBlanc, B. e Bodey,G.P.(1983). In vitro activities of new beta-lactam antibiotics against *Acinetobacter* spp. Antimicrobial agents and chemotherapy, 24(2):297-299.

Geert, H.; Cnockaert, M.; Vaneechoutte, M.; Woodford, N.; Nemec, A.; Dijkshoorn, L. e Swings, J. (2005). Distribuição de genes de resistência à tetraciclina em estirpes de *Acinetobacter baumannii* multirresistentes genotipicamente relacionadas e não relacionadas de diferentes hospitais europeus. Investigação em microbiologia 156(3):48-355.

Goldstein, I.; Hayes, R.C.; Monsugny, M.; Osawa, T. & Sharon, N.(1980). What should be called a lectin? Nature, 285:66

Gonlugur, U.; Bakici, M. Z.; Akkurt, I. e Efeoglu, T. (2004). Padrões de suscetibilidade a antibióticos entre isolados respiratórios de bacilos Gram-negativos num hospital universitário turco. BMC Microbiol, 4(32):1471-1476.

Gootz, T. D. e Andrea, M.(2008). *Acinetobacter baumannii:* uma ameaça emergente de resistência a múltiplos medicamentos. Revisão especializada da terapia anti-infecciosa, 6 (3):309-325.

Guardabassi, L., Dijkshoorn, L.; Collard, J. M.; Olsen, J. E. e Dalsgaard, A.(2000). Distribuição e transferência in vitro de determinantes de resistência à tetraciclina em estirpes clínicas e aquáticas *de Acinetobacter*. J. Med. Microbiol.,49:929-936.

Guilfoile, P. e Edward A.I. (2007). Bactérias resistentes aos antibióticos. Infobase Publishing.

Halasa, J. e Halasa, M. (2004). Reatividade cutânea a bactérias autólogas isoladas do trato respiratório de doentes com doença pulmonar obstrutiva. J. Invest. Allergol. Clin. Immunol, 14(2):149-153.

Harley, J.P. e Prescott, L.M.(1996). Exercícios de laboratório em microbiologia. Terceira edição, WCB/MC Graw -Hill, EUA.

Hartzell, J.D.; Kim, A.S.; Kortepeter, M.G. e Moran, K.A.(2007). *Acinetobacterpneumonia:* uma revisão. MedGenMed, 9(3):4. 42.

Henwood, C.J. ; Gatward, I. ; Warner, M. ; James, D. e Woodford, N.(2002). Antibiotic resistance many clinical isolates of *Acinetobacter* in the UK, and in vitro evaluation of ligecycline(GAR-936). J. Antimicrob. Chemother.,49:979-487

Holt, J.G.(1994). Bergey's manual of determinative bacteriology.2nd ed., Williams and Wilkins. Vol.2, Williams and Wilkins. Baltimore.

Hossein, M.M.; Sekawi, Z.; Soroush, S.; Azizi-Jalilian, F.; Asadollahi, K.; Mohammadi, S.; Emaneini, M. e Taherikalani, M.(2014). Caraterísticas fenotípicas e genotípicas de isolados de *Acinetobacter baumannii* resistentes à tetraciclina de infecções nosocomiais em hospitais de Teerão. Revista iraniana de ciências médicas básicas, 17(1):21-26.

Hou, Y.;Hou, Y.;Yanyan, L.; Qin, G. andLi ,J. (2010). Extração e Purificação de uma Lectina do Feijão Vermelho e Estudos Preliminares da Função Imunitária da Lectina e de Quatro Polissacáridos de Ervas Chinesas. J. Biomedicine and Biotechnology, Volume 2010, Artigo ID 217342, 9 páginas.

Humphreys , H. e Tower , K. J. (1997).Impact of *Acinetobacter* spp. in intensive care units in great Britain and Ireland, *J. Hospit.Inf.* ,37: 281-286.

Jordi, V.; Sara Marti, S. e Javier Sanchez-Cespedes, J.(2007). Porinas, bombas de efluxo e resistência a múltiplos fármacos em *Acinetobacter baumannii.* Journal of Antimicrobial Chemotherapy, 59(60):1210-1215.

Karen, B. e Jacoby, G. A.(2010). Classificação funcional actualizada das P-lactamases. Antimicrobial Agents and chemotherapy,543:969-976.

Karen, B.; Jacoby, G.A. e Medeiros, Antone A.(1995). Um esquema de classificação funcional para beta-lactamases e sua correlação com a estrutura molecular. Antimicrobial agents and chemotherapy 39(6): 1211.

Karen, L.; Rice, T.W.; Munoz-Price, S.M. e Quinn, J.P.(2010). Surto multicêntrico de isolados *de Acinetobacter baumannii* resistentes aos carbapenemes que produzem a carbapenemase OXA-40. Antimicrobial agents and chemotherapy,50(9):2941-2945

Kawsar, S. M. A.; Mamun, S. M. A.; Rahman,M.; Yasumitsu , H. e Ozeki, Y.(2010). Efeitos antibacterianos e antifúngicos in vitro de uma lectina específica de 30 kDa D-galactosídeo da Demosponge, *Halichondria okadai*.Intern. J.Biol. Life Sci.,6:1.

Kazuyoshi, S.; Arakawa, Y.; Ichiyama,S.; Nakashima, K.; Ito, H.; Ohsuka, S.; Shimokata, K.; Kato, N. e Ohta. M.(1996). Deteção por PCR do gene da metalo-beta-lactamase (blaIMP) em bastonetes gram-negativos resistentes a beta-lactâmicos de largo espetro. Journal of Clinical Microbiology,34(12):2909-2913.

Khan, F.; Siddiqui, N., Shukla, I., & Shujatullah, F.(2014). Sensibilidade à doxiciclina em isolados de *Acinetobacter baumanii* multirresistentes do sangue. Anais de Patologia e Medicina Laboratorial, 1(1):15-19.

Kim, W.S.; Choi, C.H.; Moon, D.C.; Jin, J.S.; Lee, J.H.; Shin, J.H.; Kim, J.M.; Lee,Y.C.; Seol,S.Y.; Cho, D.T. e Lee, J.C.(2009). Resistência sérica de *Acinetobacter baumannii* através da ligação do fator H às proteínas da membrana externa. FEMS Microbiology Letters. 301:224-231.

Kochhar, S.; Strutt, M. e Philpott, J.H. (2004). Essential microbiology. estudante BMJ; 12:133-176.

Kohno, K.; Yamamota,T.; Kuroiwa, A. e Amako, K.(1984).Purificação e caraterização do pili US_5 *de Serratia marcescens*. Infect. Immun., 46(2):295- 300.

Koljalg, S.; Vuopio - Vorkila , J.; Kytikainen , O.; Miklsaar , M. e Wadstrom, Y.(1996). Propriedades da superfície celular de *Acinetobacter baumannii* . APMIS, 104 (9):659 -665.

Kuku, A.; Odekanyin, O.; Adeniran, K.; Adewusi, M. e Olonade, T. (2009). Purificação de uma lectina específica de manose/glicose com atividade antifúngica a partir de sementes de pimenta (*Capsicum annuum*). Jornal Africano de Investigação Bioquímica. 3(6):272-278.

Kundu, M.; Basu, J. e Chakrabarti, P.(1989).Purificação e caraterização de uma lectina extracelular de *Mycobacterium smegmatis*. Febs. Letters.,256(1,2):207-210.

Lam, S.K. e Ng, T.B.(2011).Lectinas: produção e aplicações práticas. Appl Microbiol Biotechnol. 89(1):45-55.

Li, T.; Yin, X.; Liu, D.; Ma, X.; Lv, H. e Sun, S.(2012). Isolamento e caraterização de uma nova lectina com atividades antifúngicas e antiproliferativas de sementes *de Sophora alopecuroides*. Ata Biochimica Biophysica Sinica, 44(7):606-613.

Loris, R.(2002). Princípios e estrutura das lectinas animais e vegetais. Biochim. Biophys. Ata, 1572:190-200.

Lyytikainen, O.; Koljalg, S.; Harma, M.; Vuopio-Varkila, J.(1995). Surto causado por dois clones *de Acinetobacter baumannii* multi-resistentes numa unidade de queimados: emergência de resistência ao imipenem. J Hosp Infect; 31:41-54.

Magnet, S.; Courvalin, P. e Lambert, T. (2001). Bomba de efluxo do tipo divisão celular de resistência-nodulação envolvida na resistência a aminoglicosídeos na estirpe BM4454 de *Acinetobacter baumannii*. Antimicrob. Agents Chemother, 45:3375- 3380.

Mammina, C.; Palma, D. M.; Bonura, C.; Aleo, A.; Fasciana, T.; Sodano, C.; Saporito, M. A.; Verde, M. S.; Cala, C.; Cracchiolo, A. N. e Tetamo, R. (2012). Epidemiologia e clonalidade de *Acinetobacter baumannii* resistente a carbapenem de uma unidade de cuidados intensivos em Palermo, Itália. *BMC Res.Notes.*,5: 365-373.

Maragkis, L. e Perl, T. 2008). *Acinetobacter baumannii*: Epidemiologia, resistência antimicrobiana e opções de tratamento. Doença infecciosa clínica, 46(8):1254-1263

Marilyn, R. C.(2005). Atualização dos genes de resistência adquirida às tetraciclinas. FEMS microbiology letters, 245(2):195-203.

Mesa, M. D.D.; Mojica, E.E. e Merca, F.E. (2004). purificação da lectina de sementes maduras de malunggay (Morinag pterygosperma). Philippine J. Crop Sci., 29(3):3-24.

Mfsa, M.C.; Mojica, E.E. e Merca, F.E. (2005). Purificação de Lectina de Sementes Maduras de Malunggay (Moringa Pterygosperma). Philippine Journal of Crop Science. 29(3) 13-24.

Mirelman, D. e Ofek, I. (1986). Introdução às lectinas e aglutininas microbianas. In: Microbial lectins and Agglutinins .(ed. Mirelman,D.). John Willey Sons, EUA.

Comité Nacional para as Normas de Laboratório Clínico (NCCLS)(2000). Métodos para testes de suscetibilidade antimicrobiana por diluição para bactérias que crescem aerobicamente: norma aprovada. Documento do NCCLS, M7-A5.

Nissl, J.; Van-Houten, S.; Greer, D. e Vail, T. (2005). Cultura de escarro. Guia de saúde AZ da webMD: Exames médicos, P:1-4.

Nova, S.(2008). O Iraqibacter: Um inseto relativamente benigno torna-se um agente patogénico altamente letal, conhecido pelos soldados americanos como Iraqibacter. Artigo

Overfordt, J.; Riise, G. C.; Anderson, B. A. e Larsson, S. (2000). Lower airway bacterial colonization in asymptomatic smokers and smokers with chronic bronchitis and recurrent exacerbations. Respir. Med., 94(9): 881-7.

Paterson, D.L. e Doi, Y. A. (2007). Um passo mais perto da resistência extrema aos medicamentos (XDR) em bacilos gram-negativos. Clin Infect Dis, 45:1179-81.

Patil, J.; Jog, N. e Chopade, B. (2001). I solação e caraterização de *Acinetobacter* spp. do trato respiratório superior de seres humanos saudáveis e demonstração da atividade de lectina. Indian J. Med. Microbiol.,19(1):30-35.

Paton, R.H.; Miles, R.S.; Hood, J. e Amyes, S.G.B. (1993). ARI-1: resistência ao imipenem mediada por ß-lactamase em *Acinetobacter baumannii.* Int J Antimicrob Agent; 2:81-88.

Peleg, A.; Harald ,S. e Paterson, D.(2008). *Acinetobacter baumannii:* Emergência de um agente patogénico de sucesso. Clin. Microbiol. Rev.,21(3):538-544.

Perez, F.; Hujer, A .; Hujer, K.; Brooke K.; Rather, P e Robert A. (2007). Global Challenge of Multidrug-Resistant *Acinetobacter baumannii.* Antimicrobial agents and chemotherapy, 51(10): 3471-3484

Poole, K.(2005). Resistência antimicrobiana mediada por efluxo. J. Antimicrob. Chemother. 56:20-51.

Prashanth, K.; Vasanth, T.; Saranathan, R.; Abhijith R. M e Sudhakar P.(2012). Resistência a antibióticos, biofilmes e deteção de quorum em *Acinetobacter* sp. Capítulo 8, em: Medicina: Doenças Infecciosas, Bactérias Resistentes a Antibióticos - Um Desafio Contínuo no Novo Milénio. Editado por Marina Pana, ISBN .India

Quale, J.; Bratu, S.; Landman, D. e Heddurshetti, R.(2003). Epidemiologia molecular e mecanismos de resistência aos carbapenemes em *Acinetobacter baumannii* endémica na cidade de Nova Iorque. Clin. Infect. Dis. 37:214-220

Ribera, A.; Ruiz, J. e Vila. J.(2003). Presença do determinante Tet M num isolado clínico de *Acinetobacter baumannii*. Antimicrob. Agents Chemother.,47:2310-2312.

Russo, T. A .; Bartholomew, L. A.; Davidson, B. A. ; Helinski, J. D.; Carlino, U.B.; Knight, P. R.; Beers, M.F.; Atochino, E. N.; Notter, R.H. e Holm, B. A.(2002). O surfactante extracelular total está aumentado mas é anormal num modelo de rato de pneumonia bacteriana gram-negativa. Am. J . Physiol. Lung. Cell. Mol. Physiol.283:655-663.

Ruzin, A., Keeney, D.e Bradford, P. A.(2007). A bomba de efluxo multidroga Ade ABC está associada a uma menor suscetibilidade à tigeciclina no complexo *Acinetobacter calcoaceticus, Acinetobacter baumannii*. J. Antimicrob. Chemother.,59:1001-1004.

Scopes, R. K. (1994). Protein purification principles and practice.2 nd ed. Springer-Verlag New York Inc. E.U.A

Seifert, H.; Baginski, R.; Schulze, A. e Pulverer, G. (1993). Suscetibilidade antimicrobiana de espécies de *A.cinetobacter*. Antimicrob Agents Chemother;37:750-753.

Smolyakov, R., Borer, A.; Riesenberg, K.; Schlaeffer, F.; Alkan, M.; Porath, A.; Rimar, D.; Almog, Y. e Gilad, J. (2003). Nosocomial multi-drug resistant *Acinetobacter baumannii* bloodstream infection: risk factors and outcome with ampicillin-sulbactam treatment. Journal of Hospital Infection,54(1):32-38.

Teixeira-Sa, D.; Reicher, F.; Braga, R.; Beltramini, L. e Moreira, R.(2009). Isolamento de uma lectina e galactoxiloglucano de *Mucuma sloanei*. Phytochemistry.;70:1965-1972.

Thomson, J.M. e Bonomo, R.A. (2005). A ameaça da resistência aos antibióticos em bactérias patogénicas gram-negativas: os beta-lactâmicos em perigo. Curr Op in Microbiol;8:518-24.

Traub, W.H. e Spohr, M.(1989). Antimicrobial drug susceptibility of clinical isolates of *Acinetobacter* species *A. baumannii, A. haemolyticus,* genospecies 3, and genospecies. *Antimicrob* Agents Chemother; 33:16171619.

Tronchin, G.; Esnault, K.; Sanchez, M.; Larcher, G.; Marot-Leblond, A. e Bouchara, J. (2002). Purificação e Caracterização Parcial de uma Lectina Específica de Ácido Siálico de 32- Kilodalton de *Aspergillus fumigatus*. Infection And Immunity, 70(12):6891-6895.

van Dessel, H.; Dijkshoorn, L.; van der Reijden, T.; Bakker, N.; Paauw, A.; van den Broek, P.; Verhoef, J.e Brisse, S.(2004). Identificação de um novo clone *de Acinetobacter baumannii* multi-resistente geograficamente disseminado em hospitais europeus. Res. Microbiol.,155(2):105-112.

Van Looveren, M. e Goossens, H. (2004). Antimicrobial resistance of *Acinetobacter* spp. in Europe (Resistência antimicrobiana de *Acinetobacter* spp. na Europa). Clinical microbiology and infection 10(8):684- 704.

Vornholt, W.; Hartmann, M. e Keusgen, M.(2007). Estudos SPR das interações entre hidratos de carbono e lectinas como ferramenta útil para o rastreio de fontes de lectinas. Biosensores e Bioelectrónica. 22:2983-2988.

Wang, T.; Lee, M. e Su, N.(2009). Rastreio de lectinas através de um ensaio de adsorvente ligado a enzimas. Food Chemistry.113:1218-1225.

Wani, I.H.; Makhdoomi, M.; Sakeen, A.; Rafiq, S.; Ganie, S. A.; Khan, M.; Mustafa, K. G.; Ganai,

B. A.; Masood, A. e Hamid, R.(2011). Isolamento e Caracterização Parcial de uma Lectina de *Prunella vulgarisand* Avaliação da sua Potencial Atividade Antimicrobiana. J. Pharm.,4(10):3531 - 3534.

Wisplinghoff, H.; Bischoff, T.; Tallent, S.M.; Seifert, H.; Wenzel, R.P. e Edmond, M.B.(2004). Nosocomial bloodstream infections in US hospitals: analysis of 24,179 cases from a prospective nationwide surveillance study. Clin. Infect. Dis, 39:309-317.

Wong, J.H. & Ng, T.B.(2003). Purificação de uma lectina estável à tripsina com atividade antiproliferativa e inibidora da transcriptase reversa do HIV- 1. Biochem. Biophysic. Res.Comm.,1(2): 545-50.

MIX
Papier aus verantwortungsvollen Quellen
Paper from responsible sources
FSC® C105338

Printed by Books on Demand GmbH, Norderstedt / Germany